住宅制造

I

关于作者

克里斯托弗·亚历山大，美国建筑师协会颁发的研究一等奖的获得者，从业建筑师和营造师，美国加州大学伯克利分校建筑学教授，环境结构研究中心主任。他的作品还有《形式合成简注》。

《住宅制造》是丛书中的第四卷。这套丛书以崭新的观点阐述了建筑和规划的理论，目的是向我们提供一种完全行之有效的方法去替代我们现在关于建筑、建造和规划的看法。我们希望这种方法会逐渐替代现今流行的观念和实践。

第一卷　建筑的永恒之道
第二卷　建筑语言模式
第三卷　俄勒冈实验
第四卷　住宅制造
第五卷　城市设计新理论

住宅制造

C·亚历山大
H·戴维斯
J·马丁内斯　著
D·科纳

※

谨向下列我们喜爱和尊重的墨西哥实习生致谢

R·奥蒂诺　D·雷伊
J·沙夫　J·托雷斯
E·里弗拉　E·拉米雷
G·埃尔南德　J·托斯卡诺

高灵英　李静斌　葛素娟　译

知识产权出版社

住 宅 制 造

C·亚历山大　H·戴维斯
J·马丁内斯　D·科纳

作为一个建筑规划的改革思想家，克里斯托弗·亚历山大吸引了一批具有献身精神的追随者。他的具有开创精神的系列丛书——《建筑的永恒之道》，《建筑模式语言》，《俄勒冈实验》，及《林茨咖啡》——阐述了一种关于环境设计的既根本又基本的新方法。这本新作作为这套系列丛书之一对亚历山大的理论进行了检验并告诉我们哪一种类的建造系统能创造出亚历山大所设想的环境。

这本书着重叙述了亚历山大和他的助手们于 1976 年在北墨西哥所建造的一组住宅。每所住宅都各具特色。这本书告诉我们每个家庭是如何根据自己的需要并在语言模式的框架帮助下设计和建造了他们的住宅。书中大量的图表和表格以及种类繁多的逸事趣闻把每天的建造进程讲述得清清楚楚。

但是，墨西哥的工程仅仅是对住宅制造综合理论进行实践的起点。《住宅制造》中阐述的七条原则能够适用于世界上任何地方、任何投资规模、任何气候条件、任何文化背景以及任何人口密度条件下的任何建造系统。

在书的最后一部分“样式的变换”中亚历山大详细地描述了世界观变革的激进性和深层文化变革的整体含义。他在对住宅建造所提出的建议中包含了这种激进性。

目　　录

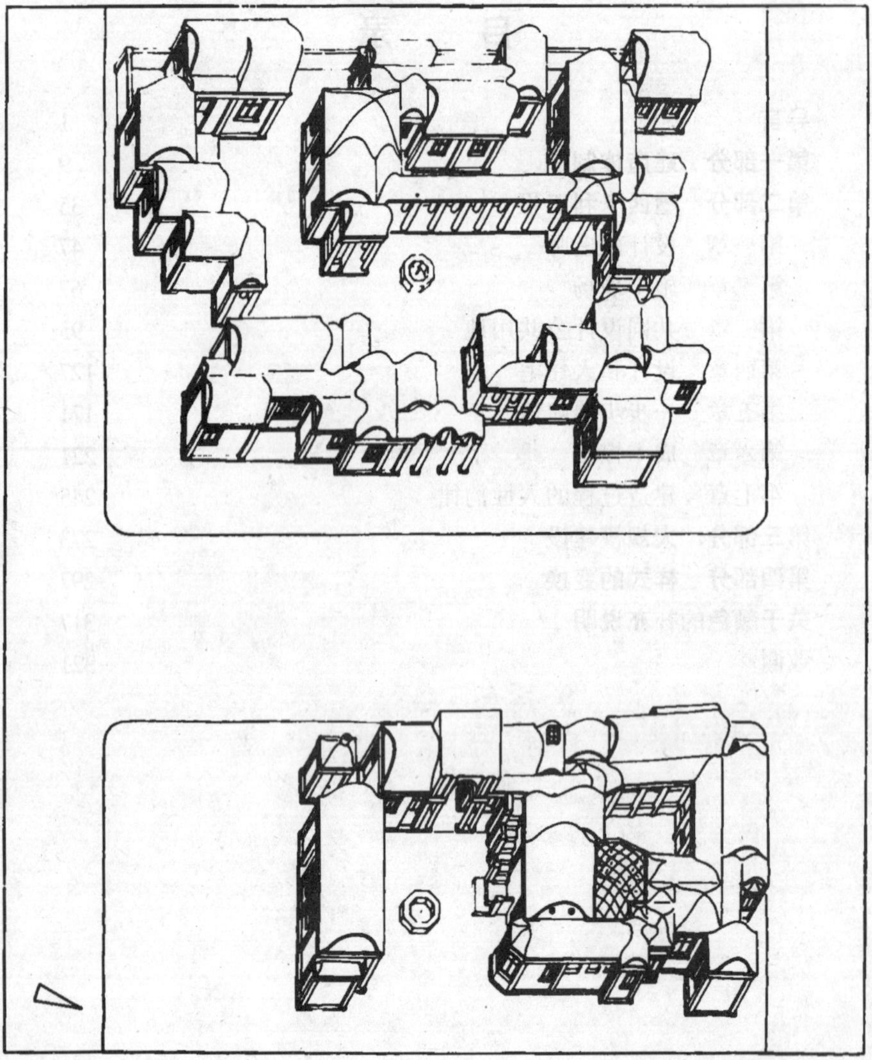

导　言

在今后的35年内，35亿人口将需要地方居住，相当于需要3 500个拥有百万居民的城市。而现在达到这样规模的城市只有不到300个。

在今后的35年内，人们还需要600 000 000座住宅，这个数目比世界上现存的住宅的总和还要多。

1976年联合国生境会议（Habit，U.N Conference）

※

在当今世界上，人们之所以几乎已经摒弃了建筑应当既美观又令人所热爱这一观念，是因为对于世界上的绝大多数住宅来说，建造的任务已退化为一种仅仅由事实和数字所构成的残酷商业行为，一种与科技进步和官僚作风的汹涌浪潮抗争的艰难斗争。在这一斗争中，人类的情感已被遗忘。甚至在那些由于其外观而被广泛关注的寥寥无几的住宅中，美也几乎被遗忘。因为人们在建造这些住宅时无视人的情感，而是令人作呕地注重住宅的华丽、市场趋向及其流行式样。也就是在这儿根本不存在人类心灵的价值趋向。

人们忘掉了美的真正含义，忘掉了住宅是直接并朴素地表达屋主的生活，忘掉了人们的生命力和他们住宅形式的联系，也忘掉了社会运动的力量和人们所居住的地方的美和活力的联系，而模糊地记得的只是那些人们所虚构的某个黄金时代的原理。

但是，奇怪的是，几乎没有什么关于所谓的“住宅”的文学作品，当今人们也没有做什么努力试图把这些原理再变成现实。现在人们极其关心的是住宅的价格，极其关心地球上几百万个无家可归者；人们普遍关心工业和技术以及它们能帮助人类去解决所谓的住房问题的办法；关心“自助”的重要性；关注对附近的居民怎样进行政治控制。然而，所有这些都非常抽象，不带感情色彩。他们去解决问题，但只轻触问题的表面。他们不关心情感问题；他们创造了一种智力框架，在这个框架中解决问题的办法就像他们打算去解决的问题一样呆板和无情。

我们承认人们为解决“住宅问题”所做努力的价值；但是我们在这里（本书里），关心的是问题的基础：情感。我们试图构筑

这样一种住宅制造程序：它首先体现人类的情感和尊严；将它的重建作为体现人们价值和他们自身合而为一的最基本的人类进程；人们形成社会结合体；人们停泊在地球上；人们所建造的住宅首先体现人类的价值；人们在简单而传统的观念中感觉住在里面骄傲而幸福，并且不愿放弃任何事情；因为这是他们的住宅，是他们的生命，这些住宅对他们来说就是他们的一切，因为这些住宅在这个世界上具体体现了他们的地位，也体现了他们自身。

为了清楚起见，从我们最近在北墨西哥的一个特殊工程中挑选实例来说明这个住宅建造程序。在这个特殊的墨西哥工程实例中，我们建造的住宅面积在 60～70m^2 之间，建在被几家所共同拥有的公共用地周围。因为每座住宅是由住户自己设计的，因此它们也就各不相同。这些住宅是用砌块和超轻质的混凝土穹形圆顶建造的，砌块是在我们的施工现场用土和水泥制成的，穹形圆顶是建造在超轻型的木制篮架上。每所住宅的造价大约是 40 000 比索，在当时相当于 3 500 美元。

然而，在墨西哥工程中的具体细节并不重要，重要的是在这个工程中所实施的七个总的原则。关于这七个总原则我们将在本书中一章章地进行阐述，它们是一种全新的建造方式：住宅制造过程的总体组织；住户和住宅设计者之间的关系；由住户自己设计住宅；一种新的建筑控制和管理程序；设计师也担任建造师、成本控制。

我们相信这七个原则适用于全世界各种各样的住宅制造过程。它们不依赖于他们所使用的特定的建造细节；它们不但适用于造价高昂的住宅而且也适用于像我们所建造的这些廉价的住宅；它们同样适用于人们自己为自己建造的住宅，就像住户们在我们的墨西哥工程中所做的那样；它们也适用于人们自己为自己设计，然后让专业施工队所建造的住宅；它们适用于在每英亩土地上只建造 2～4 所房子的低密度的住宅建筑；它们也适用于在每英亩土地上建造 15 所住宅的中等密度的住宅建筑（我们的墨西哥工程就是这样做的）；它们还适用于在每英亩土地上建造 60 所住宅的高密度的住宅建筑，并且这 60 所住宅是以四层楼高的住宅团组的形式所出现的。

总之，本书主要阐述了住宅制造过程中的七个基本原则。我们相信在任何环境下，不考虑任何其他的细节，我们只要建造住宅就要遵循这些原则。只有这样才有可能让人们以合理的价格住进富于人性的、像样的住宅中。

第一部分

建造体制

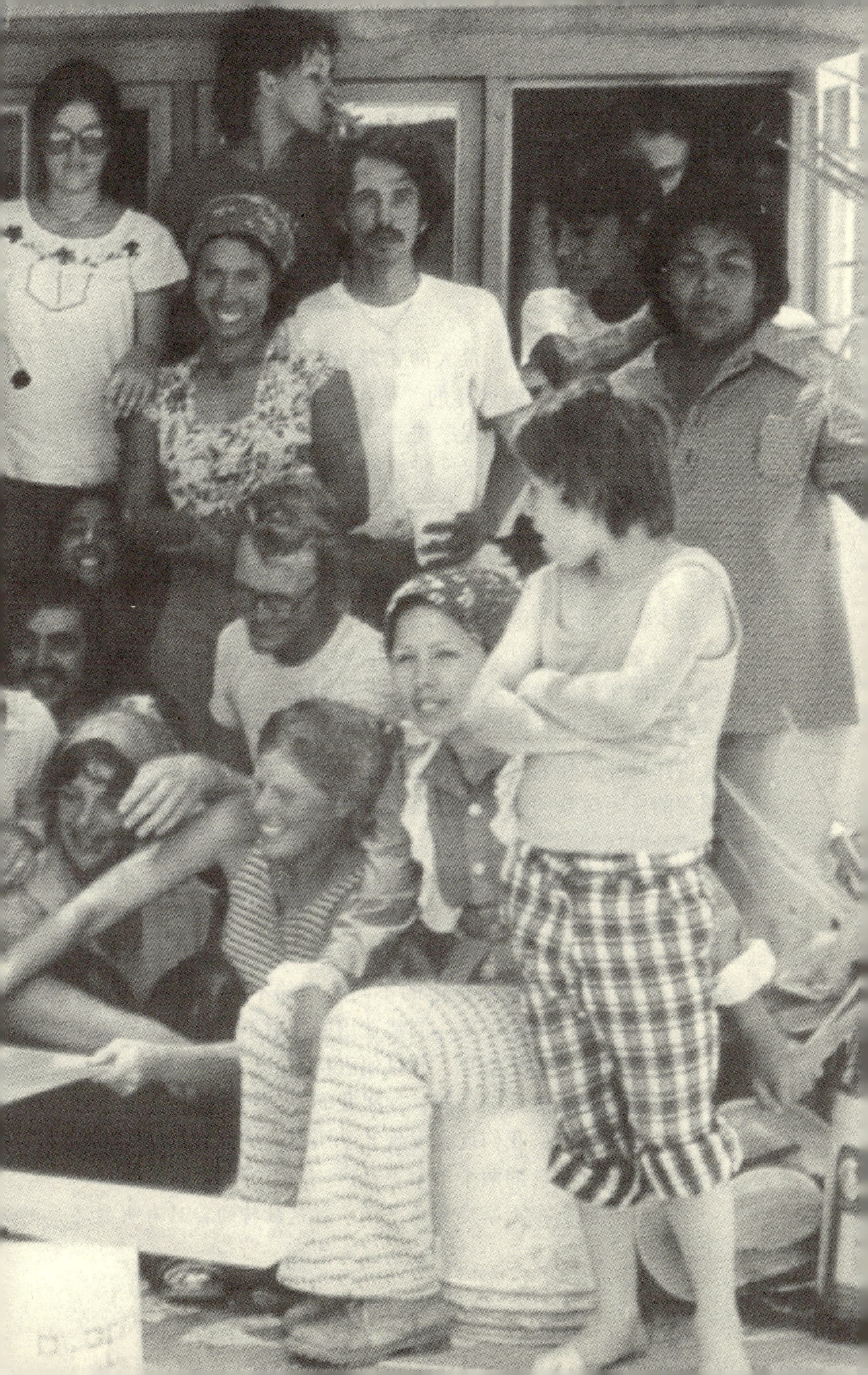

※

我们周边环境的惟一最大的要素是由我们的住宅或“住房”所创造的。当今大多数这样的“住房”是通过成片式生产建设的，即人们采用半自动化程序建造了成百上千座住宅，无外乎两种类型：要么是在房产开发区所进行的重复性的住宅建设，要么是在公寓建筑里重复建造的公寓房。

毫无疑问，这种人们不得不被迫在那儿渡过一生的“成片式住宅”既累赘又令人沮丧，让人们感到给他们带来了异化和绝望感，至少在大部分地区情况如此。

因为人们只能通过“成片式住宅”才能建设出足够多的住宅以供人们居住，因为除了采用“成片式住宅”，人们不可能生产出足够廉价的住宅，因为对我们来说我们确实必须越来越深入地朝着这种成片式住宅的建造形式迈进，去解决世界上大多数国家所感到的住宅短缺问题，所以人们通常认为这种成片式住宅的建造形式是时代的必然。

我们在这本书里打算证明这些假设是错误的。我们将指出有一种完全不同的住宅制造体制能够生产出同样多数量的住宅。但是这种住宅要好的多，因为它们充分考虑到环境的心理特性和社会特性，充分考虑到住在里边的不同家庭的不同个人的个性特征。我们还会指出用这种新体制建造出的住宅不是比“成片式住宅”昂贵而事实上是更便宜，并且便宜得多。

让我们阐述得更详细一些。如果我们考虑当今世界上存在的那些住宅制造体制，我们就会发现几乎所有这些体制都缺少任何人类社会所必须包含的两个基本条件：

首先，认识到每个家庭和每个个人都是独特的，只有明确这

LA GACETA

种独特性才能明确和保持人类的尊严。

其次，认识到每个家庭和每个个人都是社会的一部分，需要与其他人交往和联谊，简言之，需要在社会中有个能在其中与别人交流的场所。

当今的住房几乎完全缺少这两个互补的必要条件。一方面，住宅是完全相同的，机器般的，模子做出来的一样，几乎完全不能表达不同家庭的个性。它们压抑个性，压抑关于一个家庭的任何奇妙和特别之处。另一方面，这些住宅也完全没有给人们一个当地的小型集会场所。它们被无名氏选址和建造，体现的是孤独、缺乏友谊，对于创造让人们感觉他们是其中一部分的那种人与人之间的联谊没有起到任何帮助的作用。

※

就像我们在本书中所表明的那样，如果人们不改变带来这些问题的建造体制就根本不能解决这些问题。

首先，我们必须认识到社会中住宅的特征通常是根据建造出它们的建造体制而体现的。如果住宅的特征表现得不够，例如就像当代的住宅一样，住宅的特征只能通过修改建造体制而得以改进。

在任何时刻，住宅制造体制都是一个连贯的体制。它不是由哪一个人或者哪一组人所设计的。然而它是一种体制：一种由惯例、习俗、法律和公认的规范所组成的体系。因为全社会认为沿袭这种体制是理所当然的，所以社会上的大部分住宅都是遵从它而建造的。

尽管没有一个社会公共机构负责产生这个体制，但这个体制所包括的程序一点儿也不是非正式的。它是被严密地组织起来的。的确，它被如此严密地组织起来以至于任何对这个体制的背离都有可能导致几乎没完没了的困惑、拖延和反对。实际上在任

何特定的年份，只有很少一部分住宅不符合传统规范，没有遵循这个体制。

像所有其他体制一样，住宅制造体制常常可以通过它的产品来识别，也就是说通过根据这个体制而建造的住宅的“形式”而加以识别。例如，目前在美国最流行的住宅制造体制是一种叫作“地产开发”的体制：它恰恰正是通过它所进行的开发而被认知。在这种体制中，开发商购买土地，开辟道路，然后一次建造出成百上千座大同小异的住宅。房主都拥有房产权和私人住宅土地。房主的购房手段依赖于联邦保险银行计划，该计划为住户购买这种住宅提供银行贷款，靠优惠的税收政策来鼓励家庭购买，并根据规定了住宅密度和土地使用等款项的分区规划法律保证这一程序得以实施。住宅提前作为“样板户型”而被设计在图板上。这种样板户型在多次重复组合之后由建造商建设起来。建造商们和具有特殊工种分类的同事一起工作。建造商们大多是作为转包商而进行工作的……。建造技术强调速度。许多建筑工人是新手。他们主要为钱而工作，而不是为热爱他们所建设的住宅去工作……。所有这些在整个社会中变得百万倍详细和具体：在五金店里可以买到所需用品、转包商能够合法地经营、国家认证委员会允许建造商和建筑师进行管理。所有这些形成了一种建造体制，在这种体制的指导下仅仅在美国每年就新建400 000所住宅。

世界上还有另外一种更流行的住宅制造体制。在法国、瑞典、苏联和其他很多国家，人们建造由政府资助的公寓房。在这种体制中，开发商（私人或由政府控制的）为政府开发这样的公寓房。私人住所是一模一样的“居室”，被建在几层楼高的公寓楼里。非常典型地，这些“居室”比独立住宅要小。当然，以后住进这些公寓楼的是那些和这一建造过程没有任何关系的家庭。另外，对于这种类型的住宅有一个发展前景良好的银行贷款机制。而且立约执行过程、资格转让、履行贷款、广告发行以及租赁的法律形式在全世界以基本上相同的形式都制度化了。这种建

造程序比上面我们所提到的“地产开发”更为普及。住户没有权利改变他们的住房，不能进行任何形式的住宅改进。因对住宅没有产权，所以住户没有安全感。任何改变都必须得到管理部门的首肯。所有的公寓房都是一个模样，因为它们都是照着一套标准的图纸建造的。

我们可以明确地认为只要创造它们的基本建造体制保持不变，无论是由地产开发的住宅还是这些类型的公寓房，仅仅通过“改进它们的设计”都不能建造得更富有人性。

诚然，在这两种建造体制所允许的范围内，住宅的设计可以“稍微”聪明一些、“稍微”更尊重人类的需要、“稍微”更具有人性情感。然而最终，建造体制的极端结构会直接引起所建住宅的异化。只有这些体制自身在根本上发生了变化，这种异化才能得到实质上的改善。

在过去几年里，我们在这套丛书中（这本书是第四卷），所给出的论据已引导我们得出了这一结论。

第一卷：《建筑的永恒之道》对人与建筑之间的适应性进行了基本分析，指出了人文环境只有在与最传统社会中的环境相似的环境下才能够谈到有序。在这种环境下，人们直接负责设计他们的环境，人们还拥有那种让大家合作建造富有理性的建筑物所必须的公用“模式语言”。

第二卷：《建筑模式语言》针对《建筑的永恒之道》称作的“模式语言”作了举例。这本书详尽指明了在一般应用范围内的多种模式类型：最大类型城市的模式、控制土地和建筑物布局的详细模式、控制房间形状的模式和指导建造细节的模式。在这本书的后续部分中所讲述的那些设计住宅和公共用地的住户确实就是采用这种模式语言去做的。他们所用的模式在第二部分的第三章、第四章和第五章中分别进行了阐述。

第三卷：《俄勒冈实验》描述的是一个拥有 15 000 人规模的社区（大学）现在正按照一种模式语言的指导，进行它的公共用

地和建筑物的规划与设计。它的管理程序使其成为可能。到目前为止，这个实验已经进行了五六年，而且随着工序的完善一直都在进行着改进。

第六卷:《林茨咖啡》叙述了新近在奥地利建造的一栋公共建筑。它使《建筑的永恒之道》中的理想得以具体化，并用一个很简单的例子说明了当今以一个合理的价格所建造的这样一栋建筑到底是个什么样子。

迄今为止，以上四本书含蓄地（尽管不是明确地）指出形成环境的建造过程是通过它内部管理的分配而得到它的特性。即每个建造过程是一个用一定的方式对各个决定进行管理分配的人类体制。

一些类型的管理分配进行得很好，形成了十分规则的、美好的环境，人们满意地生活在这样井然有序的环境中。另外一些类型的管理分配进行得很糟糕，形成的环境错误百出，令人无法适应，开支不受个人感情的影响。钱被错误的人花在了错误的时间和错误的地方。

但是，在每一种情况下，这种体制成功和失败的关键在于管理分配的方式。首先，管理分配的方式决定了环境的质量。

导致这种结论的这个论据本质上是具有生物学的意义的。为了弄懂这一点儿，让我们把当今形成我们人为世界主体的住宅建筑同生物界的任何一个典型部分：森林、植物、生物体和海洋作以对比。生物界总是存在着无限多样性，因为生物界存在着瞬间的、勤勉的和缓慢的适应过程来确保生物界的每一部分彻底地适应它的环境。

当然在这种意义上，尽管生物系统都是不完美的，然而，在特定的范围内，每一部分、每一形体是“恰当的”。因为在这一特定的范围内，为了适应当地的环境所做出的每个决定、每个形体的特性是“恰到好处的”。整个生物系统包含有数量庞大的变体和数量庞大的部分。产生整个生物系统的过程，即在所有生物系统中都非常典型的适者生存的生命过程，确保了生物系统的每一部分都能尽可能的“恰到好处”，适应于当地的环境，适应于大部分的生物，以便于它能成为比它本身大得多的生物系统中的一部分而很好地生存下去。

另一方面，如果我们把一个现代的“住宅工程”和生物界的一个典型部分进行对比，差别是非常明显的。在每一点和每一个层面上，生物系统显示着它们时刻在很好地适应着环境；而典型的住宅工程表现出的是“高水平”和灾难性的失败。即使人们用那些应该有意义的非常概括性的措辞来加以描述，住宅几乎在每个它所涉及到的方面都是“错位”的。

生物系统能达到它的敏感和复杂的适应性是因为整个生物体对各个部分的形状的控制广泛地分配在许多层面上。例如，动物的主要肢体的位置是受遗传基因控制的；器官的位置是由更低水平的中枢神经控制在较低水平上；器官的具体形式，比如，肺腔的正确形状是由荷尔蒙控制在它自己的组织结构的水平上；细胞群被控制在另外一个水平线上；至少部分地单个细胞的协调和整理是被体内平衡过程处理在细胞自身的水平上。简而言之，在每个水平线上，生物体对各个具体器官都具有细微精巧的控制，恰好控制在每个器官能够产生良好效果的位置上。首先，就是这样一个事实导致了构成生物体的每个部分能够美好地和敏感地适应其环境，并构成一个完整的有机体。

与之相反，现代世界的住宅制造体制集权制太重，而对于具体细节的控制不够。如果我们自问为什么现代世界上的住宅常常不是恰到好处而是“恰到错处”，我们通常很快就会看出住宅难以适应环境是因为能够控制住宅形式的决定太远离与之相关的人群和建房的场地，因而不能明智和切实地适应人们日常生活的具体情况。影响住宅形状和住宅各部分的建造程序大部分受到政府或者业主房产交易本身的控制。这些建造程序远离住宅的具体情况和需要住宅的家庭本身，所以它们不可避免地创造的只是背道

而驰的抽象的形式，和人们的真正需要、真正要求及每一个住户所要经历的每时每刻真实的日常生活仅仅保持了最一般的关系。

当然，人们之所以常常认为这个抽象和冷漠的住宅制造程序合情合理是因为它的造价低，又可以进行大规模地建造。人们辩解即使工业机械和发展机械不能体察到当地的详情，这些详情是人们为完全地适应环境和独特的生物系统的完整性所要求的，这些机械化的生产开发仍然是必要的、有益的和有效率的，因为它们能建造出如此规模巨大的住宅群。

但是，这个争论确实很肤浅。以高效率、低成本和大规模的名义建造上百万冷酷和异化的住宅，毕竟仅仅意味着我们这些生活在20世纪伟大的工业时代的人们还没有这样的聪明才智去设计一个既人道又有效的建造体制。最多，我们可以说我们是生活在一个过渡时期。因为我们明明知道我们在为地球上成百上千万的无家可归者建造这些令人难以忍受的住宅，我们一直都非常清楚肯定有更好的建造体制来生产出更令人满意、更富有人情味的住宅。住在这种房子里人们感觉舒适惬意、健康充实、和他们的生活匹配。并且人们也能以非常低廉的价格大量地建造出这样的住宅。

更简洁地说，现存建造体制中大部分的决策是“冷漠和脱离实际”的，决策者不考虑决策所产生的后果。建筑师代替那些从未谋面的人们做出决策；开发商为那些他们从不知泥土气息的土地做出决策；工程师为那些他们将永远不会触摸、粉刷和倚靠的柱子做出决策。政府作出的关于道路和地下管网的权威性决策同他为之作出这一决策的地方没有一点儿有人情味的联系。那些钉木板、砌砖块的建筑工人对于他们所建造的具体情况根本没有任何决策权。那些将在住宅间玩耍的孩子们一点儿也不能决定他们以后将要去玩的沙坑的情况。住户搬进“为”他们所建造的住宅，然而对于这个他们要在此度过一生的地方不能进行任何最基本的、令人有宾至如归之感的设计。

总之，由于这些决策是在远离它们所能造成影响的具体地点所做出的，这些决策几乎毫无例外地是由错误的人所做出的错误的决策，所以我们现在所拥有的建造体制显示了一种几乎不可能仔细地、恰当地处理问题的控制模式的特征……。一言以蔽之，在决策和控制的组织结构以及住宅体制的生物学实际所需求的特有的、良好的适应性之间，存在着巨大的匹配错误。

因此如果我们要纠正这种形势，整顿我们的建造体制，我们必须在本质上解决管理分配上的缺乏人情味的问题。我们必须找到一种建造体制能具体地、细致地注意到所有的详情。因为人们只有了解了这些详情才能把每座住宅以自己的水平、以自己的比例建造得“恰到好处”，同时人们才能以巨大的比例和非常低的成本来十分有效、足以复制和非常简洁地实施这一建造体制。

我们特别相信在建造过程中存在着能起决定性作用的七种管理类型。为了明确这七种管理类型，我们可以提出以下七个问题：

1. 什么类型的人负责建筑物的经营?

2. 建筑公司当地社区对建筑物的责任与关系怎样?

3. 谁规划和管理住宅之间的公共用地并对建筑空地和住宅占地进行分配?

4. 谁设计个人住房的平面图?

5. 建造体制是否建立在标准成分的组装上，或者建立在运用标准程序所进行的创造行为上?

6. 住宅成本是怎样被控制的?

7. 在建设过程中，施工现场的日常生活情形怎样?

我们坚信每个问题都有一个客观明智的答案。

1. 什么类型的人负责建筑物的经营?

在当今的建造体制中，没有人负责建筑物的经营。建造过程中有各式各样的官员、建筑师、工程师和承建商，但是他们每个人都只完成自己的职责，他们中没有一个人对整个工程有全面的见解。这就不可避免的会出现官僚主义作风和不近人情的状况。因为每个人的情感被官僚主义的过程所淹没。

然而，要想正确地适应和管理，我们可以设想出一种新类型的设计建造师，用一种非常直接的方式去管理规划、设计和建造的方方面面。但是这样的设计建造师一次只直接负责几十栋住宅，直接对将要住进住宅的住户负责，有权对他们的愿望直接做出反应。

2. 建筑公司与当地社区对建筑物的责任关系怎样?

在当今的建造体制中，实际合同的履行通常是通过大型联营公司和脱离住户的官员和首长去执行的。当然，这些人和这些公司不可能对住户们的愿望负责，也不可能对单个的家庭负责。

可是，为了正确适应环境，我们可以设想出分散的施工现场体制。为每个小范围内的住户，为每几个街区建一个或多个工地，每个工地负责当地社区的自然发展。这种富于人情味的方法可以使建造控制权限制在那些能够受到影响的人群之间。

3. 谁规划和管理住宅之间的公共用地并对建筑空地和住宅占地进行分配?

在当今的建造体制中，这是一种以完全抽象的方式被实施的过程。城市管理着住宅之间的公共用地，政府对建筑工程负责，并把公共用地交给制图员去设计。办公室里的对真实环境根本就很陌生的官员再把土地细分成建筑空地和公寓楼。显然，被这个程序所创造的东西就不可避免地抽象且不近人情。

不过，为了人们能和他们的社区进行正常的社会联系，我们可以设想出这样一个建造过程：住户被分成为足够小的组织以便于他们可以互相交流并达成共识，一群人可以按照团队的形式一起工作，管理他们自己的公共用地，根据他们自己的想法和愿望来设计他们自己的建筑空地。这是个富有人情味的办法，它可以把对基本事情的管理权交给那些受这些事情影响最大，对它们最理解的人们的手中。

4. 谁设计个人住房的平面图？

在当今的建造体制中，个人住房大部分是由那些和住户关系疏远的建筑师设计的，通常他们甚至并不认识他们的住户，因为非常普遍的是在设计时住宅的住户还未被选定。这些住宅被设计的非常标准——当然是尽可能地设计好，但是本质上却是非常标准的“居室”。这必然导致缺乏人性。具有特殊不同需求的住户们住在为一般住户所设计的一模一样的小隔间里：同样的墙壁、同样的窗户、同样的卧室和同样的厨房。

然而，我们可以设想出一种伸缩性要强得多的建造过程：在一个造价限额之内，在某些必须的基础准则的约束下，住户们为他们自己设计住宅或公寓。用这种方式建造的每座住宅是对人们精神的颂扬，是住户和他们特殊的经历在地球上留下的一个痕迹。不但那些亲自设计这些住宅的住户只要住在里面就会珍爱它们，而且那些将来会住进去的其他住户也会认为这些住宅更富有人情、更充满生机，因为这些住宅被人情味触摸过，因为它们是从一些具体的人文环境中拔地而起的，受到过生命的触摸。

5. 建造中的有关具体细节是如何被确切实施的？

在当今的建造体制中存在一种非常普遍的现象：人们所期望的住宅只是成片式建设中的基本组合部分的集成体。其中一些组合部分较小，另外一些则非常大。但是由这种组合成分所构成的“住宅的变体”仍然是在“建造体制的范围内”的“变体”。它压制人们的设计，以至于我们不再是只拥有一种小隔间，而是拥有20种不同样式的小隔间，但它们仍旧只是小隔间，本质上一模

一样的小隔间而已。

那么，为了避免部分压制整体设计的弊端，我们可以设想出一种技术上更为先进的建造体制。在这种体制中，我们所要进行规范化的是那些“操作”（比如：搭瓦、砌砖、油漆、喷涂、切割等等），而所建住宅的实际尺寸和具体形状是根据不同的建筑物所需求的不同的氛围和需要而发生变化的。因为这种建造体制允许建造者去制作一个动人心魄的艺术品。这正好和由固定组合成分所组装的建筑物形成鲜明的对比，因为它们必定是、似乎总是某种机械呆板的集合体。

6. 住宅成本是怎样被控制的?

在当今的建造体制中，住宅造价的成本控制的重要性在于集中管理尽可能多的操作：设计、施工和材料，用来彻底地限制当地的开创精神进入到住宅建设当中。

可是为了防止成本控制对单体建筑的合理细致的设计的制约，我们可以设想出一种更具灵活性的成本控制系统，从当地的开创精神中受益，在一个固定的预算内而不是规定预算所要花费的确切方式来一步一个脚印地建造每所住宅。在这样的体制下，为了满足住户的不同需要，就可以允许每所住宅以它所需要的方式而有所不同。

7. 施工现场的日常生活怎样?

在当今的建造体制中，实际建造的场所仅仅是一个在那儿“完成工作”的地方而已。那儿没有因为建了住宅就有特别幸福的原因，没有一个工人和这些住宅有任何具体的联系或者能从这些住宅中得到任何特殊的快乐，因为对他们来说那“只是工作”。

但是，要克服这些“住宅工程”的巨大的异化性，我们可以在施工现场设想出一种更人文的环境，让这些住宅的神圣重要性变成日常生活的真实有效的一部分，让住户按照自己的意愿或多或少地为建房做出贡献。让建房过程成为一个“塑造住宅”的过程，成为住户的一个特别重要的生涯，成为住户和建造者们一起以一种方式来宣告这种建造体制的重要性和它给人们带来幸福的过程。

※

我们相信这七个管理原则合在一起形成了一个能够控制任何合理的建造体制的核心。这并不意味着没有别的更大问题能对建造过程带来更大的冲击，例如，社会上财富的分配、经济上建设资金的流动，建材的生产和地方政治结构这一切就非常明显地对住宅建造产生巨大的影响。

从这种意义上来讲，我们当然不认为已经确认了完全的“住宅制造体制”。

然而，无论别的更大和常变的因素是否发生变化，我们确信我们所确定的这七个特性一起确实形成了任何一种建造体制所必要的核心。即使资金的流动、政治权利的分配和生产的属性都发生了变化，我们仍然相信**除非发生了我们将要解释的在建造体制中的七种改变**，这些变化本身仍然不足以对住宅制造体制本身造成威胁。

总之，我们相信我们现在将要考究的七个原则无论其他必然的社会变化是否发生，在所有情况下对于住宅制造都是必要的和必须遵守的。**在这种意义上，我们确实认为我们已经确认了一个核心。这个核心暂时可以叫做“这种”住宅制造体制，而不只是建造体制的“某些方面”，因为我们相信我们已经确认的这个核心是恒常的核心，它无视住宅制造其他属性而存在。如果住宅制造要达到富有人性的目的，这七个原则肯定会出现在任何合理的住宅制造过程中。**

第二部分

墨西卡利工程

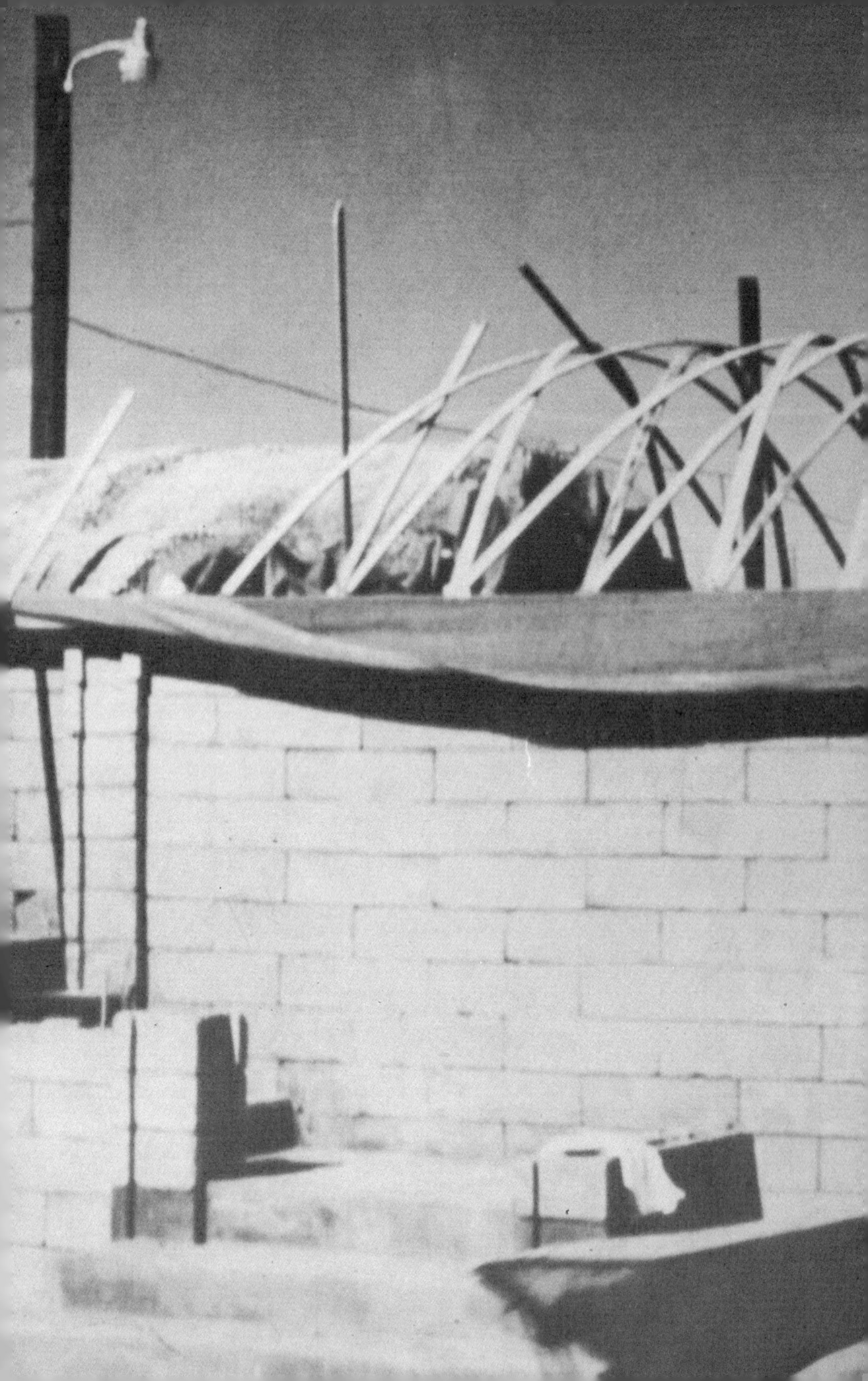

在下面七章里，我们来阐述这七个管理原则，并且用图片和例子来举例说明我们在墨西卡利实施这七个原则的情况。

第一章

设计建造师

设计建造师的原则

我们所拟想和展望的建造过程的主力是一个新类型的专家，他既承担我们当今归于建筑师的责任又承担我们当今认为是营造师的责任。

他对住宅具体的设计负责，确保住户拥有实际设计的权利。建造体制在他的控制之中，通过他一直持续发生着变化，进行着改进。建造体制是他能够开展工作的关键。他对建造过程本身负责。

简而言之，他就是传统营造大师的现代化身。

※

在当今社会中，一座建筑物是由两种完全不同类型的人来建造的，他们在建设过程中保持独立。一类人负责设计建筑物，而另外一类人则负责建造它。第一类人是建筑师，第二类人是营造师。

我们相信这种区分，这种功能上的分离是完全难以运转的。我们也相信这种分裂的情况难以创造一个健康的环境，因为这种分裂给建筑和社会的结构带来了根本性的毁坏。

在这一章里，我们首先给出一些论据去引导我们相信把建筑师和营造师分开对社会造成的根本性的破坏，去解释为什么这种破坏只能通过把这两种功能重新结合在一个单独的人身上才能得到治愈。

然后，我们显示这种综合设计建造师，不但总体上是解决在创造康居环境中出现的问题所必须的，而且该系列丛书《建筑的永恒之道》、《建筑语言模式》、《俄勒冈实验》和《林茨咖啡》所需要的具体程序要求将这些功能集中到一个单独的个人身上。

最后，我们将指出在特殊的住宅制造过程中，这两种功能的统一有着更迫切的需要。我们将引用我们在墨西卡利工程中的实例来阐述这种设计建造师在住宅制造过程中的明确的职责和作用。

※

需要这种设计建造师的最根本的原因是建筑物的错综复杂性，这些建筑物必须以任何一种富有人性的过程来建造。

在当今的建造过程中，因为建筑物充分的标准化使绘制建筑施工图成为可能。因此，把设计职责和建造职责分开就成为可能，具有这两种职责的人慢慢地分别发展成为建筑师和营造师。然而，就是现代住宅的这种标准化最强烈地构成了现代建筑的非人性的核心。

在本书中，我们将描述在住宅制造过程中所有这一切最根本的设想在于住宅将具有个性化和亲密性的特征；根据不同住户的需求，不但每所住宅的基本设计是不同的，而且建造的若干细节也不尽相同，不同住户对门、窗、花园的热爱程度也不尽相同。

总而言之，住宅不再是一个生产出来的“物品”，而是一种爱的体现，住宅被培育、制作、塑造并具有人性。在这种情况下，建筑师办公室里的随身用具，诸如丁字尺、施工图和标准用品等所有这些东西都是不合时宜的。相反地，我们需要一个富有人性的塑造住宅的过程，在这一过程中，住宅的塑造是一个人性行为，依赖于与住户的直接联系，依赖于与建造它的人们的直接联系。

为了理解现在把设计和建造任务分开的极端做法是怎样妨碍建造过程职能的彻底发挥，让我们首先来考虑一个简单的实用性问题：怎样建造一座选址合理、居住舒适的住宅……。我们来看看当设计和建造任务不断地交织达到何种程度，人们在建造过程中才能恰当地解决这个问题。

比如，我们来看看这些将能建造一座“更好的”住宅的一些特点：（1）房间里冬暖夏凉。（2）厨房深受家庭主妇的喜爱。（3）从房间向外刚好可以看到合适的风景。（4）住宅制造得非常坚固：没有漏洞、没有薄弱的接合、没有松散的装饰。（5）花园是一个真正休息的好去处。（6）居室内拥有充足的自然采光。（7）根据住户的需求，房间大要大得宽敞，房间小要小得得体。（8）建材要精挑细选、摸起来温馨密实。（9）家庭中每个成员都能在家里找到自己的位置，一个完全属于自己的舒适的小天地。

在住宅拔地而起的过程中，只有“设计”和“建造”不间断地相互作用才能创造出这些良好的住宅品质。

首先我们来考虑第一条：房间里冬暖夏凉。为了保证这一点儿，我们必须确保房间冬天正好朝向太阳，而夏天能适当地庇荫；窗户朝向东方，清风徐徐吹来；住宅有厚实的外墙，能够在夏日抵挡最毒辣的西晒，在冬天免遭最强劲的西北风的侵蚀。

为了建一座具有这些特点的住宅，我们就必须进行脚踏实地、精心地设计。假如需要建50座住宅，那么每座住宅应根据它在地理环境中所处的位置以及它与邻近住宅之间的关系进行略有差异的设计。我们有必要单独地确定每一座住宅（而不是同时对所有的住宅）的墙体厚度和窗户尺寸。在某些情况下，即使是在建造过程中，根据当地气候对部分已经建成的住宅所造成影响的分析，我们也可以随时改变窗户的尺寸或墙体的厚度。例如，住宅里风的流动将取决于住宅建成后的布局，而不能预先计算出来。

所以，这就要求住宅的设计可以一座座分别进行，甚至在建造过程中也可以随时进行补充设计。这就排除了任何一次性在图纸上抽象地设计出50座住宅的尝试。这就要求人们必须熟知每一座住宅，而只有营造师可以做到这一点。这也要求人们对每个住宅的结构和建材能够进行管理，这还是营造师所拥有的权利。但除此之外，还要求建筑师每日都了解住宅的进展情况，要求建筑师“有权”对设计进行修改。

以当今施工人员工作的方式进行工作的营造师没有权力作这些改变，因为他是按照别人设计好的图纸施工的。由于建筑师在建筑工地上花费的时间太少，所以他既不了解工程每日的进展，也没有时间做出这些决定。这就需要建立一个建筑师和营造师能够交流的体制。建筑物不是事前被固定在图纸上而是它的粗略的规划被一步步的直接落实到建造过程中。因此，建筑师和营造师法律上的权利——设计的权利和建造的权利——必须结合成一个单一的过程。

或者，现在我们来考虑我们所列出的第二条：厨房深受家庭主妇的喜爱。

这一条包含有两层在当今大批量住宅制造过程中所不具备的含义。首先，它要求家庭主妇要尽可能早地参与到建造过程中，来决定厨房的设计。这不仅仅是在一个形状已经确定下来的房间里如何布置灶台和炉灶的问题。因为每个家庭主妇对于厨房的设计都有自己的独到见解：房间的照明、进餐的安排、做饭时同时照顾孩子等。那么就要让主妇直接参与厨房的设计，整个厨房的大小、走向以及它和其他房间的关系等就被提到了议事日程上来。

把一个“标准”的厨房进行改造，或者从几个供“选择”的厨房中进行挑选，这并不能满足家庭主妇的需要。家庭主妇只有在一个人可以自由地孕育出整个住宅，而不受管理干扰时才能轻而易举地满足自己对厨房的需求，而这只是建造过程一部分。所有提到的这些事例再一次要求住宅制造应该被作为独特的事情来对待，人们应该根据每一套住宅自身的特点来建造它。因而这要求每个建筑师要有足够可以利用的时间，这对于当今进行的成片式住宅制造来说，是难以想象的。如果营造师是建筑师，那么就可以做到这一点，因为他每天都连续地和住宅打交道。但是如果建筑师把他的设计全都表现在图纸上，这是做不到的，因为对每一所住宅都进行设计，成本太昂贵，也很不切合实际。

其次，它要求建筑师和营造师要简洁地、廉价地、直接地交换意见，以便不需要昂贵地为50座不同的住宅设计50套不同的图纸。相对地，如果把建筑师和营造师分离开来，那么他们之间的交流就变成了不可能的事情，因为他们之间的交流必须严格地依法进行，并且交流的准备活动的费用非常昂贵。但是如果建筑师和营造师是一个人，那么这种交流就能够既迅速又简洁，因为这只是“内部的”记录，因此这变得成本低廉并且容易做到。

再之，为了家庭主妇能顺利地设计出她的厨房，那么在住宅制造过程中，她必须确保随时都有时间参与到住宅制造中来。总的来说，在建筑物建成之前人们不可能抽象地对长餐桌的尺寸、厨房灶台的宽度、炉灶、搁板和橱柜的位置做出具体而精确的选择。但是，一旦建筑物的框架建成，厨房的形状确定下来，人们仅仅站在真实的位置上就可以设想厨房的确切的细节了。

这要求即使是在住宅制造的收尾阶段，我们仍然可以决定搁板、长餐桌等物品的尺寸和位置。

这就要求即使在建筑框架已经矗立起来之后，天天在建筑现场的营造师有权和家庭主妇一起进行补充设计。如果建筑师是另外的一个人，营造师就必须通过图纸和他进行交流，直接和每个主妇一个个地设计每个厨房的过程将会极端地复杂和昂贵。但是，如果建筑师和营造师是一个人，共同管理资金，那么人们就极大地简化了管理程序。对于一个好的住宅的其他品质来说，其中的道理也与之相同。

总之，我们的建造过程是使住宅能够被感知、富于人性、独特并富有个性。如果建筑师仅仅对最初的设计负责，只是在纸上做了一些设计之后就遥控命令其他的人去建造，那么我们就不可能使住宅具有这些品质。这样建造出的住宅不可避免地是外表上不真实、异样、无生命力和机械，因为这些住宅是在抽象的过程中被塑造起来的。

只有建筑师既负责设计住宅，又积极人道地参加到制造它们、建造它们并自然地塑造它们的过程中，才能创作出温馨、人道、风格各异的住宅。这正是我们所追求的目标。

建筑师不能通过图纸向营造师表达出来自不同住户的有巨大差异的精细设计：装饰、连接风格、门廊、庭园、凉廊和入口。如果在建造现场让住户和建筑师一起直接决定所有这些因素，如果在建筑现场所记录的十分复杂的设计可以直接用来体现建筑物，而不需要那些必然会抹掉所有精细之处的图纸做媒介，人们

就可以在建筑物上做到所有这些精细之处。因为人类住所的巨大复杂性是不能由图纸来传递的，所以把建筑师和营造师的作用分开的做法是不合理的。只有当建筑师和营造师合而为一，人类住所的巨大复杂性才能被设计出来。**所有这些都表明建筑师必须同时又是营造师。**

反之亦然。在当代，营造师和他的同事们非常悲哀地被迫彻底疏远他们创造的住宅。因为住宅只是被看作“产品”而已，并且因为这些产品是由建筑师所设计的，设计到钉下最后一颗钉子，所以建造过程本身就变成了没有爱，没有情感，没有温暖，没有人性，疏远和枯竭的机械装配过程。

再一次，自从我们深入地投入到了改变这种境况的事业中，那么无须赘言我们就可以看到住宅制造者在工作时必须在智力上和精神上保持积极主动，以便于他们在建造过程中确实能够对设计做出决定。因此住宅制造者们必须积极地而不是被动地对待住宅制造这个概念。**这就更加强调了营造师必须又是建筑师的观念。**

总之，我们首先会看到，只要当我们注意到住宅的建造问题时（即当我们自问，不但只是被或者为了某个特殊的住户建造一座迷人的住宅，而且是用什么样的程序能够在世界各地每年建造成千上万座住宅去来解决全球的住房问题的时候），将建筑师和营造师合而为一就必然存在。

我们清楚通过任何一种合理的方法建造出的小隔间并不能解决住房问题。住房问题只有依靠住宅制造的多样性来解决。但是住宅制造的多样性必须依赖大规模生产，因此它至少应包括某种同一的过程。我们得出了这样的结论：如果住宅制造过程确实将包括不同住户的不同要求和他们的不同性情……而且需要以某种方式把这种漂亮的不同要求和大规模生产必然要求的建造统一性和建筑方法的同一性结合起来……那么如果没有涌现出某种能把大规模生产的权利和把每座私人住宅建得特别富于人性的权利相结合起来的新型人才，人们好像就不能解决住房问题。

这就需要一种新型的人才、一种新型的管理机制、一种新型专业人士去运作的建造体制。这正是我们的设计建造师的构想的意义所在。设计建造师不仅仅是某个能够进行某种小规模生产并致力于小规模地制作出漂亮东西的匠人……虽然他本身就是这样的一个人，但是他首先是建造过程的首领，能够指挥大规模的生产。他是一类新人，能够把建造过程变得既适应建造大批量的住宅又能保留建造小批量住宅时所具有的人性、精确和细致。

既然设计建造师必须比一个常规的建筑师或者营造师注意更多的当地问题，也必须缩小视野去关心那些比他在正常情况下所关心的要少得多的建筑物，以便于他完全能够关注住户们的需求，那么设计建造师权利的本质就在于他的作用应当是权利下放。

为了举例说明，让我们设想建造500套住宅。以当代大规模住宅制造的通常方法，一个建筑师和一个营造师常常管理相当大规模的住宅或公寓楼的建设。在一个典型的住宅开发区，或者在一个典型的政府住房工程建设中，一个建筑师可以轻松地负责500套住宅或者500套公寓的设计。一个营造师也可以负责他们的建筑，他可以全部地通过同一种类的遥控同时建造出这500套住宅。

然而虽然我们所谈论的设计建造师有更大的权利，但是他所管理的领域更有限。任何一个设计建造师虽然一次只管理20套住宅的设计，但是他将对住宅的设计和建造负完全的责任。他将和每一家住户更加努力工作，去建造特别而又具体的住宅。因而，用这种建造方式，设计和建造两个过程都进行了权利分散。在旧的体制下，一个建筑师和一个营造师一年内可以设计并建造500套住宅或公寓。而在新的体制下，需要25个设计建造师，每个人只负责建造20套住宅。

当然，这就意味着设计建造师在社会中起着不同的作用。会有更多的设计建造师来代替那些为权利集中的建造体制提供人力资源的感觉异化的建筑工人和建筑设计员们。他们职业的经济情况也必须发生变化。这一点我们将在下面的第三部分中进行讨论。

但是我们已经涉及到本章的主要观点。我们拟想了一种新的专业人士，他把他所建造的住房看作爱的结晶、手工艺品和单独的个体。他创造了这种建造体制——一个允许甚至是鼓励住户们在设计自己的住宅和创造自己的社区时，能够自然而然地发挥他们作用的体制。

※

在我们的墨西卡利工程中，我们利用了这个机会对设计建造师这一构想进行了相当彻底的检验。在1975年7月，朱里奥·马丁内斯（当时正在墨西哥墨西卡利的下加利福尼亚州的公共工程局任职）问我（克里斯托夫·亚历山大）是否愿意作为下加利福尼亚不同集团的代言人，去那儿就环境结构中心的工作举行一系列的讲座或者专题研讨会。我告诉他我最近已经举行了足够多的讲座，但是如果他有兴趣让我们在墨西哥从事一个具体的工程，我将非常乐意去。我没有指望会有什么结果，但是两周后他又和我取得了联系并且说他对可能有的这个工程真的很感兴趣。他也告诉我说墨西卡利和下加利福尼亚州自治大学共同邀请我去就工程的细节问题进行讨论。

我说我想建一组住宅来检验最近几年在环境结构中心逐渐形成的一些观点，特别是住户们能够自己设计自己的住宅的想法。几周后，我去墨西卡利讨论具体的细节问题。我们同意中心将建造30座住户自己为自己设计的住宅，每座住宅的造价为3 500美元——每套住宅的占地面积约为650平方英尺。

而当时在墨西哥的那个地区建造一座占有同样面积土地的住宅的流行价格大约是10 000美元，即大约是这个造价的3倍。所以这个价格对他们来说很有诱惑力。低廉的价格以及墨西哥当局想和环境结构中心合作的愿望共同促成了这件事。我们同意在当年的10月份开工。

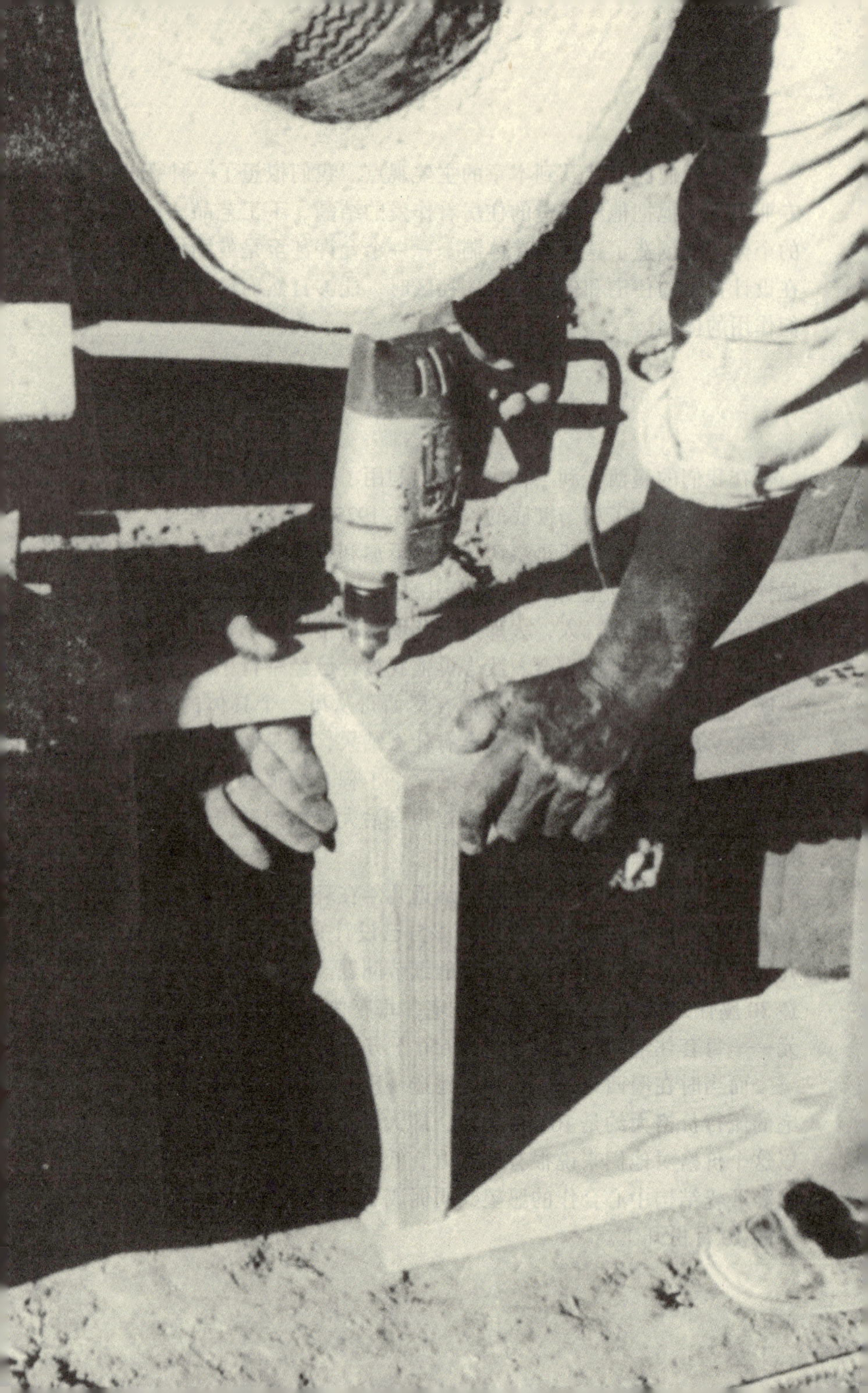

环境结构中心承担这项住宅工程的建筑设计和建造的责任。我们对住宅的设计和建造负法律责任。

在我们的中心团队里，我们4个成员都是本书的作者。就设计经验所言，亚历山大是注册建筑师，戴维斯、马丁内斯和科纳都是最近从学校毕业的受过专业培训的建筑设计师。就建造经验来说，亚历山大和马丁内斯都具有施工经验，他们两个现在都是注册建造师。

从最开始，下加利福尼亚州政府就把外部机构对工程的干预减少到了最小的程度，使环境结构中心能够全权负责设计和建造。

例如，我们不需要向当地房屋建设局或提供资金的银行出示任何住宅的具体规划。因为我们每天和住户们直接交换意见，所以我们可以以我们认为合适的方式建造，去负我们想负和被托付的责任。我们不受分区规划法令的限制自由选择房址；不受当地规划法令或者住宅区常规做法的约束任意划分地块；不受地方建设当局的控制随意使用任何我们认为合适的设备建房。只要我们不违背双方同意的基本建造体制方面的原则，并且因为我们是富有责任心的工程师，我们就可以按照我们认为合适的方式自由地进行结构上的改变，采取任何必要的措施来保证住户的利益和他们的住房。

简而言之，我们几乎可以做任何我们认为不得不做的事情。我们对建筑物负责、对建造体制负责、对创造并检验这个体制负责、对发展这个体制负责、对建筑实验负责、对和住户一起工作负责、对解释划分小块土地负责、对说明地区规划法令负责、对动用基金负责。

为更详尽地解释这些权利和责任，下面我们分项进行叙述：

1. 规划

我们对社区的整体设计负责，因此对“规划”和包含住户决定在内的我们所选用的方法完全负责。

2. 分区规划

我们被允许对分区规划“置之不理”，也就是说，我们的业主完全信任我们，认为我们不会在规划中做任何毁坏我们周围社区的行为。因此我们可以随意地解释分区规划法令。

3. 小区划分

我们负责小区的划分，而这项工作通常是由勘测员进行的。在住户的帮助下，我们根据第四章中所描述的程序，布置土地的分块。这些分块的土地是由能够测量复杂地段的新仪器完成的，然后在我们的监督之下记录下来。

4. 设计

我们作为建筑设计师负责这些住宅的设计。

5. 结构工程

我们也负责工程设计。我们从零开始设计建造体制，在伯克利市实验了一年，然后在墨西哥的实验工地完善了该体制。在发展的过程中，我们对建筑实验和设计的所有阶段负责。

6. 建材、试验、发展

我们利用当地可以利用的材料开发了一种全新的建材和构件。

7. 生产

我们也负责生产。我们的建造体制所需的几种构件和工艺需要新构件的生产。在某些情况下，我们从外面订购，但是我们自己生产大多数和最重要的构件。

8. 建筑许可

我们不需要向当地建设官员递交任何图纸。就像在第五章中所叙述的那样，建造过程得到了公共工程局的批准。但是我们不需要递交任何具体的建筑规划，因为他们认为我们负责任，在与住户合作的情况下，不会建造任何危害健康和安全的住宅。

9. 建造

我们也直接对建造本身负责。即我们不但是设计师而且也是营造师，自始至终对建筑物的建造负责。

10. 清算账目

我们也对工程量统计和预决算负责。

11. 批准贷款

最后，我们也接办银行方面关于贷款的谈判和批准的部分内容以及基金的支出。

从上面简洁的描述中，我们可以很清楚地看到在墨西卡利工程中，通常由很多部门的官员来运作的权利被集中到了建造现场，集中到了住户的跟前，集中到了一个单一的公司。

这就是我们“权利下放”的精髓所在。“权利下放”必然会产生这个我们命名叫做“设计建造师”的角色。当我们详尽地描述设计和建造的过程时，我们就会清楚工程的质量、给予每家住户的特殊的关爱、对公共用地的管理等等都归结于我们被授予的所有这么多权利。我们利用这些权利对特定的情况采取最合适的行动，而不是等待远离现场情况的官方去解决。现在等待官方来解决的事情司空见惯，等待的结果只能是令人失望，只能是些不合适的决定，因为这些决定没有从土地或住户的具体利益出发。

为了强调这一点，我们必须重复的是，在现代社会中，如果

这种特别的设计建造师在他的进取目的和事业报负的实现过程中会更适度一些，那么我们把这可观的权利交给一个本地的设计建造师是完全可行的。

当代的监督和管理体制之所以能够兴起是因为设计师、营造师和工程师们担负着如此艰巨的任务，且又都和他们即时的建筑任务相隔得如此遥远，所以他们必须处在非常严格的规定的约束之下，他们对于这种种不同功能的职责也就必须被无可改变地割裂开。这是完全可以理解的。当一个设计师或一个营造师支配着成千上万座住宅时，我们可以非常清楚地看到他内在的“良好的理性”，他对眼前建筑的热爱，都消失殆尽了，代之以各种各样不可靠的、抽象的动机，比如利润、私利、速度等等。

我们建议通过“削减”设计建造师的权利范围，来重新确立他在传统意义上的合法权利。我们相信只要他在任何时刻能相对少地负责一些建筑物，他就能够把工作做好。因为当他只负责数量很少的建筑物时，他的良好的理性、他的本能以及他对建筑的热爱就都能够自然而然地发挥出来。他可以被委以比今天要大得多的权利，担负起比今天要艰巨得多的责任。

这不是要求把事情弄得处于无政府状态。例如，一个单独的大机构（政府机关的一个局或者一个建筑公司）完全可能负责建造500套住宅。不过它的职责是通过指定25个独立的设计建造师来执行的，每个设计建造师负责建造20套住宅。这种状况下会限制他们每个人的权利范围，但是在他们的权利范围内，他们的职权和责任会得到极大的增强。因此我们所描述的本质上是组织上的改变和角色的更换。这就要求每个设计建造师比今天的设计师拥有更大的权利，但是这一切是在适度得多的范围之内。

在下面的几章里，我们会看到设计师和营造师的合并将成为新的建造过程中必不可少的一部分，成为功能上必需的一部分。这纯粹是因为实际上的需要，哪怕仅仅是为了使更具有人情味、更体现权利下放的建造程序可以成功地运作，这两种行业（或两种技能）就必须结合在一起。

我们将在第二章，即在施工现场这一章里，看到设计建造师是怎样着手通过试验去发展建造体制，是怎样情愿去为建造程序生产结构部件。

我们将在第三章中看到，设计建造师是怎样带领各家住户通过应用一定的模式语言去确定他们公共用地的界限。住户们怎样在他的帮助下设计公共用地，把土地划分成他们建房所用的小块土地。以及住户们怎样一步步地确保他们住房的建造能有利于强化公共用地的自然空间，以便于公共用地更好地为他们服务。

我们将在第四章中看到设计建造师是怎样通过一家家地征询住宅的形式去帮助每个住户设计出他们的住房。没有任何催促的意思，他从住户那里得到了一个完全连贯的能完美地满足他们需求的设计。这一设计结构健全，并且对他们来说是独一无二的。我们将看到设计建造师是怎样在一两天内作好所有这些设计，以便于把设计彻底地局限在建造程序所能提供的范围之内。

我们将在第五章中看到设计建造师是怎样自然地进入到建造程序中；怎样一次展开一个工序，逐个工序地建成一座住宅；怎样不需把设计固定在一套图纸上就可以把握设计的方向；怎样不用图纸就使门窗的高度、构成花园别墅的墙体、创造出最美丽的室内空间的柱式都能在合适的时机溶入到住宅制造的过程中。

我们将在第六章中看到设计建造师通过把建材分发给住户，通过有偿劳动，通过住户自己参与建造过程的方式怎样完美地把住宅的造价控制在十分严格的限度内。我们将看到只有当设计建造师和每所住宅的关系密切时人们才有可能进行成本决算。

最后，我们将在第七章中看到设计建造师本人怎样领导建造工作，用看起来和感觉起来人道的工序去建造住宅，以便于当人们建成住宅时认为住宅制造是件扎扎实实的工作，它不是机械抽象的建造过程，而是留下记忆的过程，它把住户连系在一起、团结在一起，让人们的情感和他们浓缩的住宅凝结在一起的过程。

第二章

施工现场

当地施工现场的原则

实际的住宅制造过程是以广泛分布、权利分散的当地施工现场为基地的。每一个这样的施工现场都包含有建房所需的工具、设备、后勤供给、建筑材料和办公场地。

施工现场基本的要素是距离要建造的住宅很近。它将成为所建造的住宅所创造的社区的一部分，甚至是社区的核心。它也是后续的附属用房、新的房屋、维护用房、公共用地的管理中心。因此施工现场不仅仅是建造住宅的发源地，而且在以后的几年中也将继续和住宅保持着联系。

※

在第一章里我们已经阐述过，正是设计和建造的分离以及典型地导致这一分离的权利的集中使得目前对住宅建造的管理不可思议地定错了位。

因此为了纠正这个错误，我们确立了使用设计建造师这一原则，并且使用大量的设计建造师，每一个设计建造师一次都只直接负责很少数量的住宅……以便于每个设计建造师在建造过程中和所有的住宅保持直接地联系。这就意味着如果住户想以个人的品味来设计建造他的住宅时，他能帮助住户进行设计，并帮助他们建造，这将使住宅的每一部分都能被正确无误地建造出来。

实质上，我们已经建立了一个社会性的，把管理权利下放到更多营造师手中的建造程序。这些营造师比当今绝大多数的营造师对设计有更大的管理权限。

现在我们要涉及到在空间上，或者在地理位置上，与这些营造工长的社会权利下放的关系。因为为了把社会管理的权利下放，落到实处，我们就必须在建房的社区内或者城镇内或者区域内进行地理位置和空间上的权利下放。

在当今社会，建造过程几乎都是完全的权利集中。几乎所有的“现代”生产体制都依靠大规模集权化管理的建筑公司。在这些情况下，建设管理行为远离建筑现场周围的四邻。在建筑现场工作的人对附近地区没有特别的了解，不清楚其独特的性质和需求。由于他们只是公司的雇员，所以他们对正在做的事情没有支配权。即使他们对四邻有所了解，他们也无权对他们所从事的事情做出相应的修改。

在建筑公司握有实权的人不但在精神上远离他们的四邻，而且和他们自己的建筑工地也几乎没有直接的接触。建筑工地对他们来说只是另一种收入来源。他们对四邻没有直接的责任感，对建造程序的管理建立在这些外部问题上：外部生产的建筑材料问题和外部解释的劳动力问题。

当前对住宅建设起控制作用的建筑公司的体制是一种高度集权的体制，为了替代它，我们提出“施工现场”这种权利在当地高度分散的体制。每个施工现场能够和它所服务的四邻保持有机的联系，能够订购那些适合当地情况的地方建材并促进其本地化生产，能够责无旁贷和持续地成为周围建筑活动的中心。

我们将在本章进行阐述的每一个当地的施工现场，都在营造师和他所服务的社区之间建立了一种完全不同的、更富有人情味的关系。施工现场的存在暗示着营造师和一个特殊的社区有着直接的、人文的联系，他的许多或者大多建筑作品将在这一社区中诞生，简言之，即他和这一社区有机地联系在了一起。最后，施工现场实际上还是真正的自然中心，是建造房屋的温床，是以营造师为基础的社区的核心，是形成更永久附属建筑的基地。

施工现场是设计建造师在物质上的对应物。在第一章中我们看到，我们需要一个能在十分复杂易变的人类活动中作为精神支柱的人，能够在住户们设计他们的住宅和住宅团组的过程中随时发展变化。仅仅是同样的原因，也必须有一个物质支柱，作为信息、工具、设备、材料、咨询的喷泉。就像住户们在住宅制造过程中有一个人可以当作他们求助时出现的领袖一样，所以也必须有一个他们能在那里解决他们问题的地方，一个当他们的住宅正在建造和修缮时的易于辨认和理解的社会中心，一个他们一切活动的根据地。

施工现场有以下的特殊作用：

1. 它为这组设计建造师们提供了一个大本营。在某些情况下，施工现场为他们提供办公室和操作车间；在另一些情况下，施工现场同时又为他们提供住宿的场所。在我们的墨西哥工程中，

施工现场同时提供这三个方面的便利。

2. 施工现场为建造体制提供了一个存在的基地。即它的建筑自然地体现建造体制，它的各种不同的细部处理以及它在各种不同的环境中所发挥的作用都将成为这种建造体制的样板。施工现场还为建造程序提供实验的中介。

3. 施工现场也为建造程序的形成提供了一个大本营。它包含了在建造程序中所需要的一整套的工具，比如包括制作窗户的定位模具，制作圈梁定位钢筋的锚夹具等工具。它或许就是采用

这些工具去制作建筑部件的地方。

4. 施工现场自然也包含住户们能够用以设计他们住宅的模式语言。这需要一个小房间为人们提供阅读、研究、讨论这种语言的场所。

5. 施工现场还含有实际建造程序中所有不同住宅团组的分项记录，即账目清单、花费数量、成本控制，以及不同住户的工作时数等。

6. 施工现场也是设计建造师和住户们在建造过程中聚会的地方。例如，我们自己在凉廊里就举行了好几次舞会，傍晚时分我们常常在喷泉旁畅饮。

7. 施工现场也是更大的社区核心：我们工地中有炸玉米饼架，特别是许多人在大清早来喷泉取水。这些活动让整个社区的人们有可能逐渐熟悉建造过程，把建造过程作为义务担当起来。

8. 最后一旦建筑工程完毕，除了最少量的用来进行常规维修的一套工具外，大部分的工具都被移走了。人们就可以把施工现场用作社区中心、学校、运动场、教堂、舞厅和咖啡厅等任何合适的场所。

※

在墨西卡利工程中，我们开发了一个非常完善的施工现场形式。实际上，施工现场的面积是如此之大以至于它几乎与整组住宅占地一样多。它是我们墨西卡利工程的发源地和核心。它的功能几乎和我们在本章中所描述的施工现场的八条功能一样。

为了更好地理解施工现场是怎样地富有活力，成为我们行动和灵感的喷泉，成为我们所有工作的核心，我们以追溯它的起源来开始对墨西卡利工地进行描述——不仅仅是追溯到它的设计，而是追溯到甚至在我们将要用到的建造体制这个名称之前的一个更早的时刻。

因为作为我们施工现场的地方是作为，并且被建成为我们一个接一个建筑实验的成果的结晶。它既是我们实验的场所又是实验的结果，既是建造住宅的施工场地又是我们得出我们将使用的建造方法的实验室。

为了清楚地掌握这一点儿，我们有必要理解我们把住宅的设计和建造合并为一个过程的极端的做法。

这不仅仅意味着我们得对设计和建造负责。这包含有更多的含义：对建筑物和建筑材料的自然质朴的爱；一种激情；对于把建筑物的自然结构作为更大建筑设计和规划的基本条件的不断令人神往的事情——包含着这样一种情感，即我们确确实实地创造了这些住宅，而不仅仅只是设计了它们。因此，我们必需用亲手建造的方式去理解住宅的每一处细节，我们需要的是完全的理解，我们应当以一个画家去理解他的画，或者一个好厨师通过品尝去理解他的汤的方式来理解自己的建筑作品。

因为这个原因，我们有必要把我们的施工现场看作一种实验生产车间。在那里我们不仅制作砖块、横梁和其他的构件，而且我们在那里发明、实验、开发这些东西。我们在墨西哥的生活就紧紧地围绕着这些不间断的实验以及我们对自然建筑物可以尽可能地建造得简洁、漂亮这一点的逐步理解而展开。

总之，从工程的最初阶段，我们首先就意识到这个工程是一个“建设”工程——建造这些建筑物首先是一个“生产制作”构件的过程，而不仅仅只是一个设计的过程。因为这个原因，我们也认识到建造体制（即住宅的自然结构）因为以下三个充满活力并且相互关联的原因而显得极其重要：

首先，我们所需要的朴实风格，个人设计的可能性，以及由对建筑一无所知的人们来建造住宅都需要一种新的建造程序：一种在住宅制造过程中渐渐展露出来的程序，一种容易理解和非常明显地可以看出恰到好处的程序。

其次，因为已经存在的无论是复杂还是简单的住宅，通常已经非常适应我们这个时代无趣、机械的环境，我们所要建造的人居的住宅：人道、简朴、并且快乐和纯洁的房屋，就需要一个全新的建造程序。

第三，我们毕竟是以 3 500 美元的造价来建造每所住宅。这就意味着即使在如此极端贫穷和低造价的条件下，我们需要发明一种新的体制使每一比索的金钱都能创造出价值。这也意味着我们需要发明材料、构件和具有特殊性质的工序。

我们从一些假定开始我们的工作。首先，我们决定用墨西卡利非常优质的粘土制作粘土水泥砖。这种砖块几乎比混凝土砌块还要便宜，又具有良好的隔热性能，能够抵御夏季极度的高温(华氏115°)。从一开始，甚至早在我们去墨西哥之前，我们就已经开始实验一系列不同的制砖方法，以测试其成功的可能性。我们用胶合板制作出基本的模子，然后把粘土和水泥压入模子里，对不同形状，不同配合比进行了测试。然后等到到了墨西哥之后，我们作好准备去进行一系列复杂得多的实验。我们买了罗萨科姆塔机，一种一次可制出两块砖的意大利制砖机。因为制作粘土水泥的混合物不仅仅像制作混凝土砌块一样需要震动，而且还需要压缩，所以我们改良了这台机器以便我们能够对材料进行压缩。

至于砖的形状，那也是至关重要。我们发明了特殊的墙角砖：即堞形砖。这种砖支撑着墙壁，使不依赖图纸就可能设计出建筑物……

我们发明了又长又窄的砌墙砖，由凸缘互相咬合连结以便于墙体不用水泥砂浆就可砌筑起来。人们只需在砌好的墙上用水泥浆灌缝就能强化墙体……

我们发明了不是在任何地方都可获得的圆柱形砖。用这种砖可以砌筑成门廊、拱廊和凉廊的优美厚实的白色圆柱……

我们还发明了特殊的垒房基的砖。在这种砖里插有钢筋，以便于墙基可以干燥地砌在地面上，然后在由砖块垒成的墙基内灌筑混凝土形成混凝土地面。用这种方式混凝土地板可以和墙基砖里的钢筋凝结在一起，形成一个非常坚固的整体。

如果我们自己不去制作砖模和砖块的话，我们那时就会一事无成。我们需要自己的工场、自己的承砖坯板和自己的技术去制作这些东西。正是这些东西，这些看起来很具体的东西让工程建设成为可能，让工程成为它原本应具有的模样。我们进行了一系列广泛的实验来决定出最好的配合比、最适宜的压力和承砖坯板

准备砖模

的形状。我们的承砖坯板会准确无误地接住从我们制作的特殊砖模里生产出的砖块。我们设计并制作了砖模；切割钢材，然后把钢材焊接起来。而这些都是在我们的车间，在现场完成的。我们有自己的干燥场和养护场。我们用来自不同山上的不同骨料和沙子做实验。

我们也在房屋的装配过程中进行一系列更大规模的实验。我们用火山浮石（一种在当地可得到的黑色、轻质的岩石）和珍珠岩（一种来自加利福尼亚的超轻质的、较昂贵的材料）的混合物

制作拱型圆屋顶。在我们进行混合设计的实验过程中，我们也曾用锯屑混凝土、用更稀疏的混合物以及用锯屑珍珠岩混凝土作过实验。

我们也是这样设计出支撑拱形屋顶的花篮状柱头的。我们把第一组篮状物织成长方形。后来我们发现如果我们把篮子的每个交叉点用一个小钉钉好，篮子会变得更结实。最后我们发现用一个菱形的格子编制的篮子将会变得更加坚固。这种菱形篮子是由3/8英寸厚，1¼英寸宽的细长片材料织成中心为1英尺，跨距为16英尺的篮状物，可以支撑一个四肢张开躺在上面的人。

制作圈梁的情形也是如此。我们的第一批梁是所有梁里最基本的一种：一个长粗麻布袋子沿着梁的上边缘，挂在距它1×4's的位置。这些里面装着混凝土的粗麻布袋就变成了梁……你可以在我们的第一个建筑物——凉廊中看到这样的梁。但是这些粗麻布袋难以控制……我们尝试了其他不同的梁的设计方案……最后当梁被浇注和养护时，我们将这些梁，即填充混凝土的袋子固定在距离梁2×6's这一合适的位置上。

对墙体加固的情形也是如此。我们需要通过加强这些狭小的缝隙来加固墙体，去抵御把一切搅得天翻地覆的地震力。由于钢材的价格较高，我们想用竹子代替钢材以降低工程的造价……但是我们在墨西哥的那个地区找不到任何竹子。然后，我们又试用棕榈树的枝条去代替钢材……因为非常便宜也容易得到的棕榈枝带有结实的纤维，可以承担很大的拉力。它们的效果似乎好极了。但是当我们用棕榈枝试建了几堵墙壁，在建成几天后我们发现墙上出现了一些极细微的裂缝。裂缝处刚好是我们使用棕榈枝的地方。我们意识到倒进墙体内用来加固墙体的湿水泥浆把棕榈枝泡涨了，膨胀的棕榈枝又对固定的水泥浆施加了太多的压力，使墙体出现了裂缝。因此尽管棕榈枝是如此的廉价和强健，我们也不得不放弃。

在每一个这样的实验中，施工现场都担当着我们的实验场。

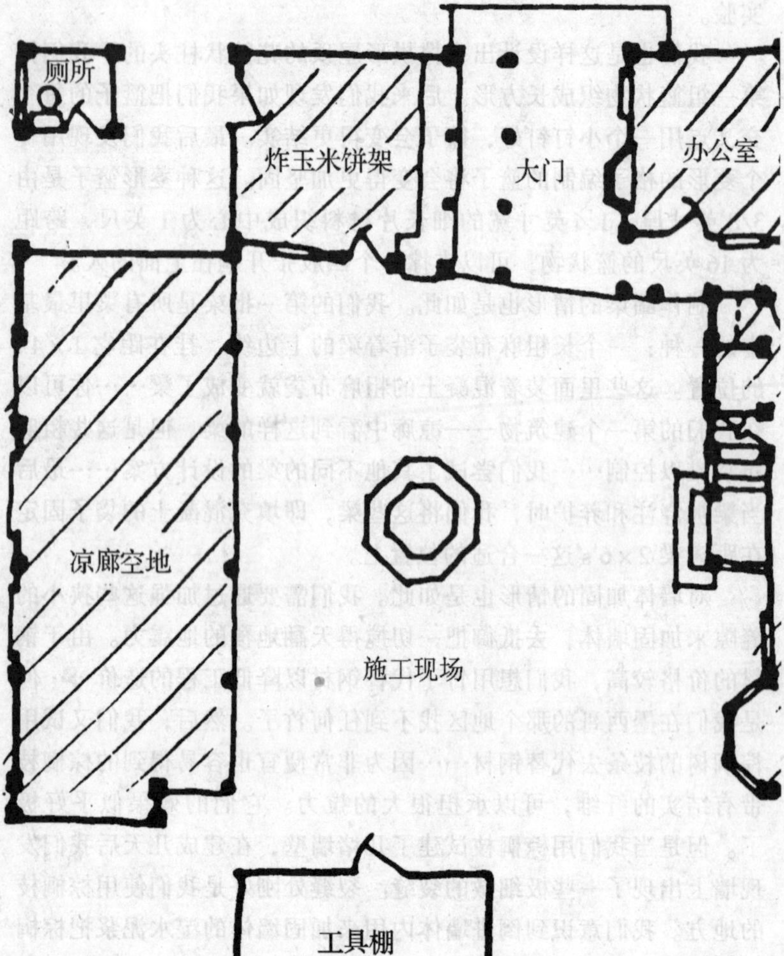

厕所
炸玉米饼架
大门
办公室
凉廊空地
施工现场
工具棚

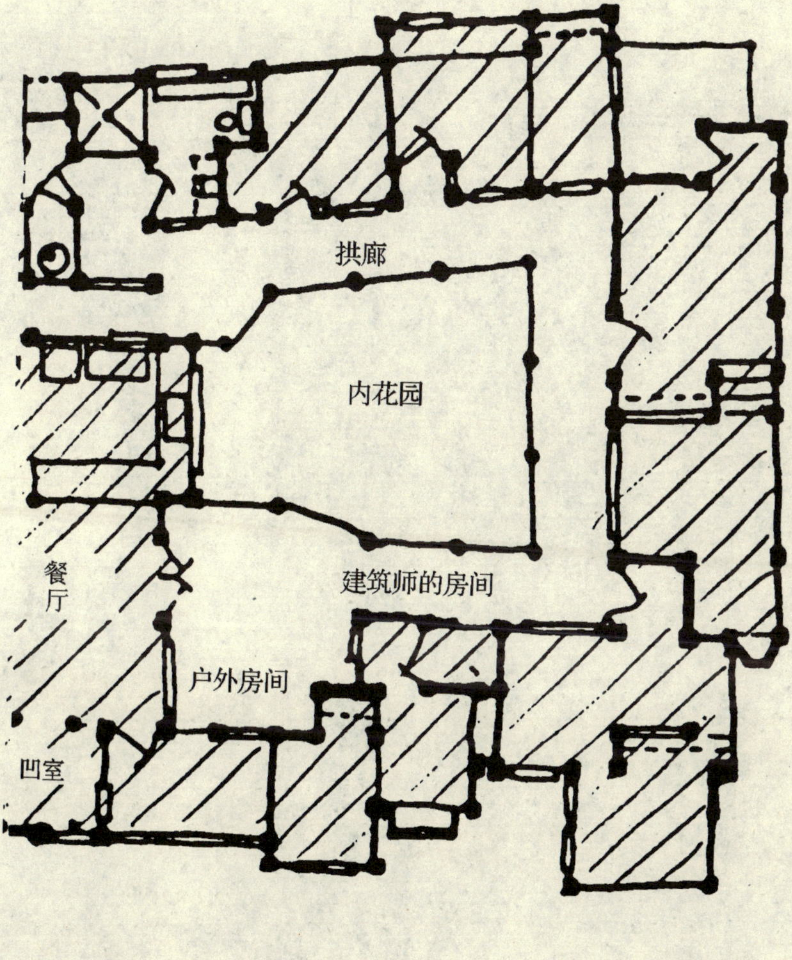
拱廊
内花园
建筑师的房间
餐厅
户外房间
凹室

如果我们不是每天亲自和这些材料打交道直到我们对它们完全了解，了解到它们的确切用途，我们了解到用什么方法可以做具体的工作，用什么方法做不到，我们就不能用我们所运用的方式建设这个工程。对于建筑物的精神和情感；对于运用新材料和新体形的可能性；对于创造一种建造体制的可能性（在这个建造体制中，对建筑一无所知的人能够理解，能够成功地建造自己的住宅），基本上依赖于我们每天与设计和建筑物之间的联系。这一点的精髓在于这些建筑是为我们所建造的，是通过理解而建造的，而从来不是被构想出并画在图纸上让别人去建造的……这一点的精髓还在于我们所了解的一切是我们在自己的工场从实验、错误和经验中学会的。

这就是为什么一组这样的住宅只能由一批在施工现场工作的设计建造师（既是设计师又是建造师）来建造的症结所在。

※

因此，我们可以看到我们的施工现场在建筑技术的自然发展过程中起着不可或缺的作用。施工现场导致了一个可操作的建造体制的诞生。

施工现场所体现的规划和设计原则，正是以后将要建造的住宅所要遵循的，而且同时它又被规划成未来住户们的聚集地。

由于这些原因，在我们的墨西哥实验中，我们像设计住宅一样，也许甚至比设计住宅本身更精心地设计了施工现场。

因为我们本来就打算把它建成这一社区的核心，建成一个非常漂亮的地方，一个在它的设计布局中体现我们关于环境的所有观点和情感的地方，在今后住宅本身的建造中我们将努力去实现这种观点和情感。事实上，它是一个灵感的喷泉。住户们将正是通过施工现场看到他们塑造了一个多么优美的环境。

施工现场包括两个庭院。一个庭院非常大，人们通过一个拱

前面几页显示的是我们
的施工现场在黄昏时分的景色。

形大门可以进入到里面。这个庭院由工具棚、凉廊、炸玉米饼架和通向大门第二层的楼梯环绕而成。大庭院的当中有一个喷泉。

第二个庭院是一个不公开的内部庭院。它完全由一个小巧的柱廊和一个拱廊围成。拱廊内是中心花园，外部有很多小房间：起居室、卧室、工作间、以及后来建房时我们和见习工工作和居住的地方。

所以施工现场不仅是建造的自然中心，而且为它周围将要建造的住宅提供了实际模型。我们把施工现场开发的具体细节照搬到所建的住宅和周围的地区上；我们把施工现场的建筑样式实施到工场周围的住宅上。因此施工现场是整个工序的物质和精神起源，它在整个建造过程中一直保持着这种作用。

从工程的起始阶段，甚至从第一、二周起，施工现场就开始起到了这种物质和精神起源的作用。我们有必要进行制砖实验、生产砖块、井然有序地摆放工具、并有一个开会和对建设中的事情作出决策的“大本营”。罗萨科姆塔制砖机被交付使用并安装在现场的一边，安放在制砖原料的堆放地和养护干燥场之间。在这些材料（沙子、沙砾和水泥）运来之后，我们从第二周就开始制砖。尽管我们需要各种各样的临时凑合的遮蔽物：一个遮蔽物用来保护制砖机，保护制砖工人免受毒辣辣的太阳的辐射；另外一个遮蔽物用来保护砖，使砖块在干燥的过程中避免被太阳晒裂。在无遮蔽的现场，我们的制砖厂还是开始运转了。

凉廊是要完成的第一个带有实验性质的建筑物。凉廊一被建好，它就被作为工作间使用。这是一个制作圈梁的木工车间，一个对机器做小维修的修理间，一个在热辣辣的太阳下干完水泥活儿后乘凉的午餐场所。

在整个工程中，施工现场起着工程社交中心的作用。我们在办公室处理账目、材料报表，并进行金融核算。设计建造师在他们的公共房间里制定出我们建造过程中的具体细节，与住户们讨论一些问题，并且还会打打扑克。在工地的另一边，制砖机正在

后面几页显示的是当地住户
从施工现场的喷泉中取水的情景。

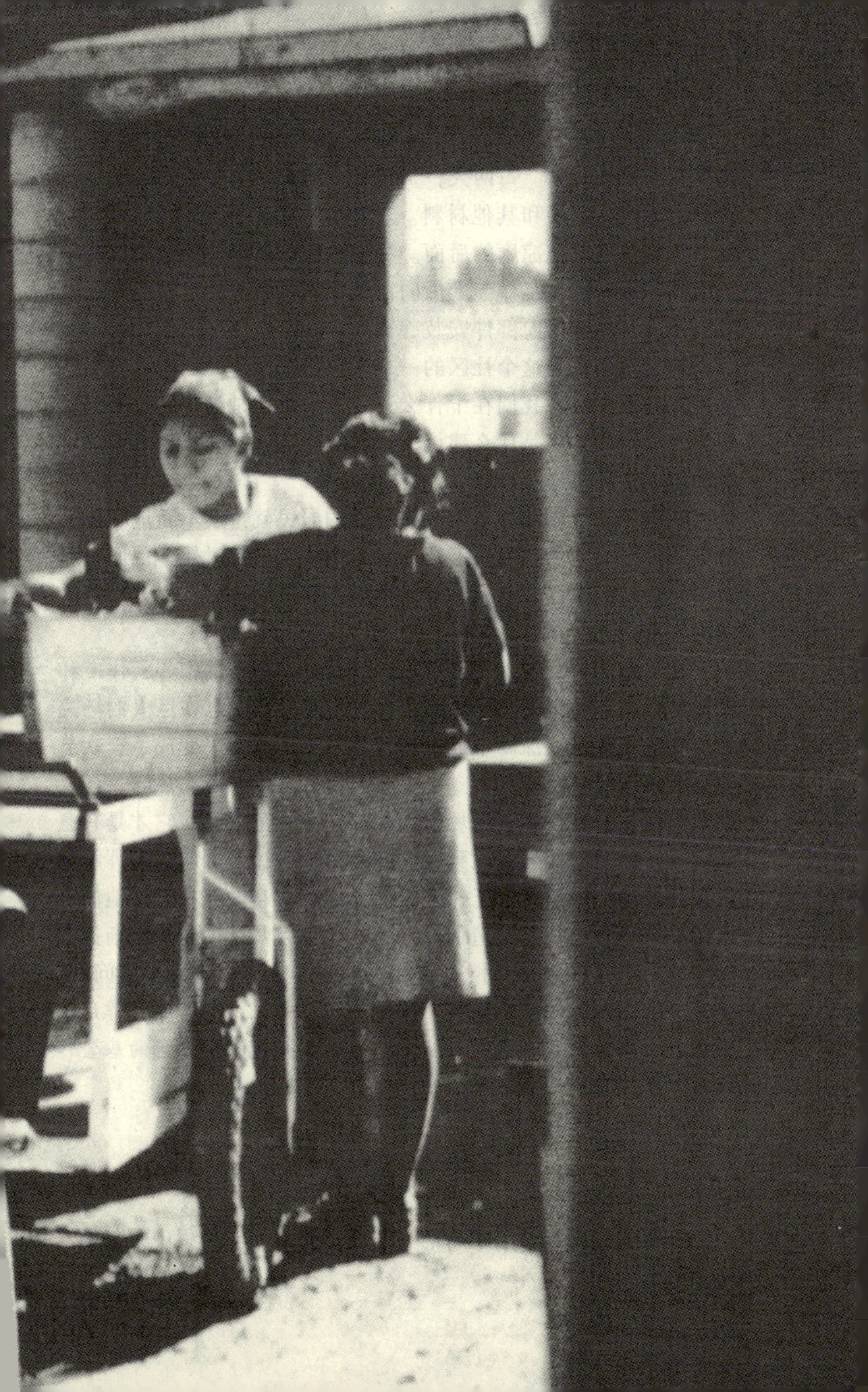

热火朝天地运转着。每两天，货车就会运来沙子和沙砾、成袋制砖用的水泥、钢筋和其他材料。在把这些材料分给住户们之前，我们把它们堆放在凉廊的后面。我们在凉廊里存放那些昂贵的木工工具。木工们在工作台上做门窗框，把做圈梁的木料用砂纸磨光、切割，并把门窗部件安装起来。

施工现场也是这个社区的一个人们很感兴趣的场所。人们就是首先在那里发现我们在干什么；地方官员就是被带到那里去视察我们提出的到底是什么建议；最初的住宅合同和贷款事宜也是在那里非常隆重地签订的。

从有施工现场的那一天起，附近的居民就持续不断地利用工场中的喷泉。他们到喷泉旁边的水龙头取水。有时候，他们去那里只是为他们自己取水，有时候他们去那里洗衣服。但是水是活动的中心。

在建造的过程中，施工现场仍然是社交活动的中心：住户和建造师们在那儿聚会；学生们在那儿跳舞；晚上，在巨大的场院中央生起了火堆，凉廊中放出了音乐，工地就几乎变成了狂欢节晚会会场。

最后，只有当施工现场长期地存在于邻里之间，它才具有意义。这指的是它必须深入到人们的生活中，让周围的居民理解到设计建造师们所进行的工作（教模式语言、帮助住户设计他们自己的住宅、帮助住户建造他们自己的住宅以及帮助住户逐渐把四邻变成一个整体）具有长期的生命力。这是一个政治经济问题。但是只有当人们把施工现场理解成一个在邻里中具有重要作用的新型社会事业机构，具有从城市或州或联邦税收中支付的基金作后盾，施工现场才会有长期的生命力。

※

如果我们询问施工现场的计划在不同的住宅工程中是怎样实

施的，我们必须认识到在不同的地方它的具体形式也是多种多样的。

在最简单的情况下，施工现场仅仅只是一个为设计建造师们建造的临时用房。当工程完工之后，我们可以把这所住宅卖掉或让一家住户居住……或者把它用做一个商店，或作为一个路边的小酒馆。

我们知道一个耶稣会神父把菲律宾的一个施工现场经营成社区的一个廉价五金店，为那些想为自己建房的贫困住户提供建材和技术。

我们还知道施工现场还可以成为当地的艺术中心。作为建筑施工或作为建筑施工中的一部分的绘画和雕刻在那里繁荣发展。绘画和雕刻成为社区的一部分——也许，刚开始是以一种微不足道的方式渗入到人们的生活中，然后随着人们和它日渐增多的交往，施工现场就变成孩子们、家庭主妇们和下班后的男人们的好去处，变成对社区的建设做出过巨大贡献的艺术家的乐园。

在一个正和我们合作建房的北以色列村子里，施工现场本身又是一个联合产业，由合作的村庄里所有成员共同拥有，由三、四个村民代表所有的人进行管理。这样人们通过为新成立的合作社提供它所需要的经济基础来帮助合作社的经济，使它兴旺发达。

我们所了解到的最现代、也许最有效的施工现场是在阿贝尔·伊巴内的指导下的墨西哥国家规模工程的施工现场。这些施工现场遍及整个国家，每个工地为大约800户人家服务，遍布整个地方社区中。每个这样的工地将把元件和材料逐个地卖给自己建房的住户。只要人们在两年内有足够的收入去按月支付贷款，每家住户都可以靠贷款来买材料。在这种情况下，当人们可以负担得起时，每家住户将能一间间地建造出他们的住房。施工现场不仅为他们提供信誉好的、廉价的材料而且为他们提供建筑上和管理上的帮助——总之，本质上为他们提供设计建造师的服务，去帮助他们使用他们所购买的材料。

我们相信在任何情况下，无论以何种形式出现的当地施工现场都是住宅制造程序的一个基本的组成部分。准确地说正是施工现场能够分散建造权利，使建造权利的分散敏感化，并且它扎根于普通的人类体验中。正是施工现场和社区的紧密联系，施工现场在每个当地社区的建筑活动中的核心地位才能够改变建房程序，把建房首先变成和住户有联系的事情，永远地屏除了那种只是把建房作为一个机械的、抽象的过程的观念。

第三章

共同设计公共用地

共同设计的原则

在任何特定的建筑场地，建造过程必须从设计公共用地开始。我们相信设计的精髓在于设计是由住户们自己进行的，而不是由一些抽象的、相当疏远的安排进行的。

当然，就像我们将要在第四章中看到的一样，住户们将为他们自己设计出自己具有个性的住宅。然而，在他们走上为自己设计住宅的舞台之前，他们首先必须扮演设计他们住宅之间的公共用地的设计师的角色，以便于这些公共空间，这块通向他们住宅的土地，不再是由城市或者开发商开发的什么机械抽象的事物，而是体现所有住户的品味和个性的商品，是一个集体表达住户意志的象征物，是世界上只属于“他们”自己的、独特的、永久的那一部分。

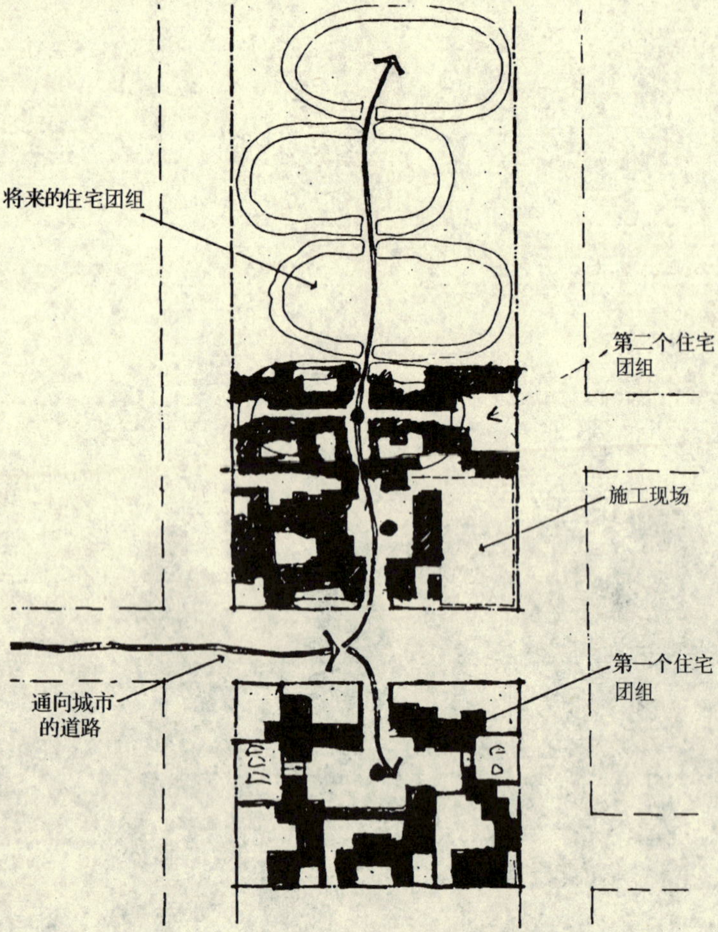
将来的住宅团组
第二个住宅
团组
施工现场
第一个住宅
团组
通向城市
的道路

※

几乎在现代所有的建房体制中，公共用地或者公用土地都是由一些公共机构进行管理的，而这些公共机构实际上远离那些将要居住并使用这些土地的人们。例如，一个典型的城市规划和区域性规划部门对公共用地的设计具有无情的控制权，这些部门用法律和法规碾碎了人们对于自然发展的任何梦想。他们对于公共用地的设计布局和具体划分是一个典型的官僚主义的过程，抹杀了任何人类自然情感的色彩。

作为对公共用地的高度抽象管理的一部分，大多数建造体制依靠住宅的某种抽象性进行管理，我们散漫地称之为“网格坐标

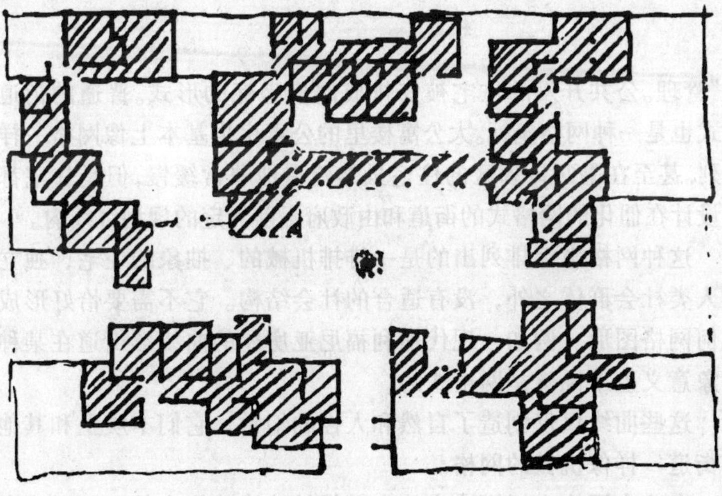

第一个住宅团组

式”管理。公共开发的住宅被安排成网格坐标的形式。普通的街道样式也是一种网格坐标。大公寓楼里的公寓房也基本上像网格一样排列。甚至在墨西哥郊区的住宅虽然建造地非常缓慢,但是住宅都被设计在僵化的网格式的街道和由政府提前界定的规划红线内。

这种网格坐标排列出的是一排排机械的、抽象的住宅，独立于人类社会群体之外，没有适合的社会结构。它不需要恰好形成几何网格图形。例如，现代加利福尼亚房屋的曲线形街道在某种抽象意义上来说就是网格式的。

这些曲线仅仅创造了自然和人性的幻觉。它们本质上和其他的街道一样像机械的网格。

在这个网格坐标模式内，人们机械地建造作为某一单元或者数字的住宅。网格是一些可参照的呆板的坐标点。它允许实际建造的住宅尽可能有效地符合机械性原理。

但是，由于这种网格模式必须服务于它的目的，必须服从各种各样非常严格的管理规定，因此它的宗旨就是以一种完全脱离住户需求的方式去管理公共用地和公用土地。那么街道就归城市，或者“公司”，或者“地产商”，或者“开发商”所有。人们和这些土地没有个人的联系。而且，最重要的是，在帮助人们去把他们自己组织成具有一定功能的、私人的、人类团体的过程中，街道不能起到任何作用。

为了取代街道上这种抽象的网格模式的住宅排列，我们提出了一种在自然属性上更人性化的住宅排列新模式，这种模式使人们可以直接地、有效地管理他们的公共用地，并且在建造过程中和以后的时间里它作为一个自然的人类建筑产品为人们服务。我们把这种住宅排列的新模式称之为住宅团组。

我们所说的“住宅团组”是任何在它们的控制下可以均分公

共用地的一群住宅。它包含有保证住在住宅团组里的人有具体的共同目标，有一起工作的社会组织原则。它给住户足够的权利以便于他们自己（而不是别人），能够界定他们自己的住宅和公共用地的位置。

虽然住宅团组的规模没有明确的规定，但是它倾向于包含相对较少的住宅数量。住宅团组的最小规模可以只包含两所住宅，

但条件是这两所住宅也拥有他们共同使用的公共用地，并且住宅的居住者就公共用地而言，有选择在上面刚才提到的关于他们住宅的公共用地的权利。

最大规模的住宅团组可以是一整条街，条件还是房屋居住者们（而不是城市）集体拥有这条街的自然土地，有权控制它，有权决定他们每家的住宅和公共用地的关系。

这样，住宅团组就是一个具有物理形状的动态的社会结构。首先，它受以下两个方面的影响：在它中心地带的公共用地；每个住户和这块公共用地之间的具有不确定性的关系。

共同拥有公共用地的功能性原理通过在《建筑模式语言》一书中的**公共用地**（见知识产权出版社出版《建筑模式语言》上，739页）和**住宅团组**（见知识产权出版社出版《建筑模式语言》上，455页）这两个部分进行了叙述。我们在这里就不再赘述。但是我们有必要认识的一点是住宅团组之所以能够成功就在于它是一个人类的群体，是一个家庭的群体。它的一切意义，一切价值都来源于人与人之间的联系，而这是单一的自然几何学原理所不能创造的。

从这种意义上来说，在现代房地产开发和住宅建设计划中所谓的“团组规划”，尽管在表面上与我们这里所说的内容很相似，但是实际上它们是完全不同的。我们认为他们的这种“团组规划”几乎没有任何价值。它们仅仅是一些空壳子，徒有团组的物质形式，而没有能使这些团组真正起作用的人文内容。我们在下面的几页会看到几乎所有促使团组形成的努力都是人文的结果：一群人通过人文的方式彼此逐渐互相了解、一起工作、相互信任、共同创造他们的世界。这就是住宅团组的关键所在，这就是住宅团组的精华所在。

※

在墨西卡利工程中，我们完全能够实施集体设计公共用地的方法去建造住宅团组。住宅团组是社会完整性的心脏。我们和政府所签订的合同详细指明在设计住宅和住宅团组之前，我们首先需要和一些住户达成共识。我们遵循了一系列允许每个团组的成员一起为他们自己设计出公共用地的步骤。

在下面的几页中，我们把这些可能在另外的工程中被任何读者所运用的住宅设计步骤用一般性的术语下了定义。我们用我们和第一个团组的住户一起工作的特殊经历来举例说明这些步骤在实际操作过程中的运作方法。

第一步：团组的位置

每个团组的全部管理取决于将住在里面并集体帮助设计团组的住户们。但是，团组的实际位置需要在住户们对这一切一无所知之前就定下来。我们已经发现对这块土地的命名成了把人们团结在一起的凝聚点，一个焦点。

选择我们住宅团组的位置遵循的是整个工程的自然发展规律，是以前工作的延续。既然我们最先在现场建造了施工现场，那么自然地我们就紧挨着施工现场建设第一个住宅团组。第一个住宅团组是施工现场发展的延伸。

第二步：确定住户

一旦我们确定了一个住宅团组的位置，我们就有了把住户们集合在一起的可能。在墨西卡利我们通过互助基金会（ISSSTE-CALI）找到了我们的住户。互助基金会对它的每个成员发出启事，以每所住宅 40 000 比索（3 500 美元）的造价邀请那些愿意设计并建造自己住宅的住户前来商讨事宜。

因为我们的第一个团组只有五户人家，只需等到这五家住户一报名签约，我们就开始工作了。

这五个家庭（按每户代表的姓名排列）分别是：

朱利奥·罗德里格斯·雷吉拉先生，年龄：38

婚姻状况：妻子 32 岁，四个孩子的年龄分别是 10 岁，8 岁，6 岁和 4 岁。

职业：水表抄表员

收入：每月 3 825 比索

莉莉亚·迪朗·埃尔南德·古斯曼女士，年龄：34

婚姻状况：丈夫 34 岁，一个只有 5 个月大的孩子。

ISSSTECALI

Programa Habitacional de Auto - Construcción

EL ISSSTECALI INICIARA ESTE NUEVO PROGRAMA HABITACIONAL CON LOS SIGUIENTES REQUISITOS:

1.—UNICAMENTE PODRAN PARTICIPAR NUESTROS AFILIADOS.

2.—DEBERAN PERCIBIR UN SUELDO MENSUAL NO MAYOR DE $ 5,000.00.

3.—NO DEBEN TENER CASA PROPIA.

4.—DEBEN SER CASADOS, CON UN MINIMO DE DOS HIJOS.

5.—ESTAR DISPUESTOS A PARTICIPAR Y APORTAR SU TRABAJO PERSONAL EN SU TIEMPO LIBRE.

6.—SERAN DIRIGIDOS Y ENSEÑADOS A PROYECTAR SU PROPIA VIVIENDA Y A CONSTRUIRLA.

7.—DEBERAN CUBRIR EL VALOR DEL TERRENO Y OBRAS DE URBANIZACION A BIENES RAICES DEL ESTADO.

8.—EL ISSSTECALI LES PRESTARA $40,000.00 PARA LA CONSTRUCCION.

9.—ESTE PROGRAMA ES UNA COMBINACION CON EL "CENTER OF ENVIRONMENTAL STRUCTURE" (Centro de Desarrollo Habitacional), LA UNIVERSIDAD AUTONOMA DE BAJA CALIFORNIA Y LA ESCUELA DE ARQUITECTURA.

10.—EN LA PRIMERA ETAPA SE SELECCIONARAN 30 FAMILIAS.

11.—LAS CASAS SE CONSTRUIRAN EN EL CONJUNTO URBANO "ORIZABA DE LA CIUDAD DE MEXICALI.

12.—LAS SOLICITUDES Y DEMAS INFORMES SE PROPORCIONARAN EN EL DEPARTAMENTO DE PRESTACIONES ECONOMICAS Y SOCIALES DEL ISSSTECALI, EN AVENIDA MADERO No. 710.

Mexicali, B. C., Noviembre de 1975.-

ATENTAMENTE.

LA DIRECCION GENERAL.

职业：护士

收入：每月 3 467 比索

丈夫的收入：每月 900 比索

爱玛·科西欧·科尔贝女士，年龄：37 岁

婚姻状况：独身，十个孩子的年龄分别是 17 岁，15 岁，13 岁，10 岁，9 岁，8 岁，5 岁，4 岁，3 岁和 8 个月。

职业：法庭速记员

收入：每月 5 118 比索

若泽·塔皮亚·贝唐库尔先生，年龄：25 岁

婚姻状况：妻子 23 岁，三个孩子的年龄分别是 1 个 3 岁，2 个 2 岁。

职业：旅游业办公室职员

收入：每月 3 752 比索

马卡里亚·雷耶·洛佩·塞尔纳女士，年龄：27 岁

婚姻状况：丈夫的年龄 30 岁；两个孩子的年龄分别是 2 岁，1 岁。

职业：护士

收入：每月 4 048 比索

丈夫的收入：每月 3 800 比索（警察）

我们让每户押金 200 美元（相当于房价的 6%）来确保他们的承诺在建房过程中始终如一。如果住户在建造过程中可以自由退出的话，那么整个建房过程就会担很大的风险。但是，我们也需要注意的是，住户的始终如一也并非是必不可少的条件。实际上，虽然我们的第一个住宅团组中确实有一家在签约几天后地块已经划分好的时候退了出去，但是对我们来说找到另一家来填补他们退出的空缺还是很容易的。所以以后的一切都进展得很顺利。

第三步：为住宅团组选择模式语言

在住户固定下来之后，我们下一步就从《建筑模式语言》中挑选出与这些住户相适宜的一些模式语言，然后把它们交给住户去讨论和修改。模式语言本身是通过在《建筑模式语言》中第45～56页(知识产权出版社出版)中所描述的过程中进行选择的。

和住户探讨这些模式语言是非常有趣的。当住户们逐渐了解到模式语言的丰富内涵时，他们对工程就变得非常热心。然而，我们让他们进行修改，并提出一些他们自己的模式语言的努力并没有收到预期的效果。

在通常情况下，一个特殊地区的设计建造师将根据当地的风俗修改并精炼这些模式语言。在这个特别的工程中，我们太忙于满足建造的需求以至于我们几乎没有时间去从事这项工作。(例如，请参看 1969 由环境结构中心出版的《由模式语言所建造的住宅》一书中秘鲁的秘鲁人模式语言)

我们所采用的模式语言

住宅团组
公共用地
主入口
道路网
小停车场
公共性的程度
建筑物正立面
拱廊
走廊缘饰
公共用地的私人露台
东北部开敞空间
翼形灯
私人户外空间

相连的建筑
狭长的房间
主门道
半隐蔽花园
入口的过渡空间
有生气的天井
中心公共活动空间
私密性层次
汽车连廊
公共露天场所
儿童游戏场
家庭入口
楼梯处的椅子
前门长椅

第四步：设计公共用地

在某一天下午，我们和最初的五家住户在将要建造第一个团组的地方开了一个露天会议。那天下午我们从最普通的问题开始讨论。我们解释虽然每家住户将设计他们自己的住宅，但是在设计住宅之前，我们首先得一起设计住宅团组，设计每所住宅在整个团组中的位置。

我们在第一天讨论了以下的语言模式：**住宅团组，公共用地，小停车场，公共性的程度，主入口和公共露天场所**。我们同意第二天下午再对公共用地上的这些模式作出决定。

为了对这些公共模式定位，我们需要知道各种各样的功能用地所需要的相对面积。我们决定像这样来划分：每所住宅的公共用地面积为 $30m^2$，停车场面积 $30m^2$，住宅占地 $60m^2$，花园面积 $90m^2$。

包含五家住户的团组因此就有了 $150m^2$ 的公共用地，$150m^2$

的停车场，$300m^2$ 的住宅占地面积，$450m^2$ 的家庭庭园。根据这些相对的地块分布的需要，住宅和私人地块围绕着公共用地的周边形成圆环状。

第二天下午，我们又会面了。我们站在现场设想公共用地、停车场、主入口、公共露天场所等可能所在的位置。因为**主入口**显然需要朝向建筑工地，我们就得出这样一个结论：停车场最好放在边上偏远不挡道处，车辆由小门从停车场进入到公共用地。公共用地作为整个工程的中心非常明显地处于整个住宅团组的中心位置，和住宅团组的形状一样呈长条状。

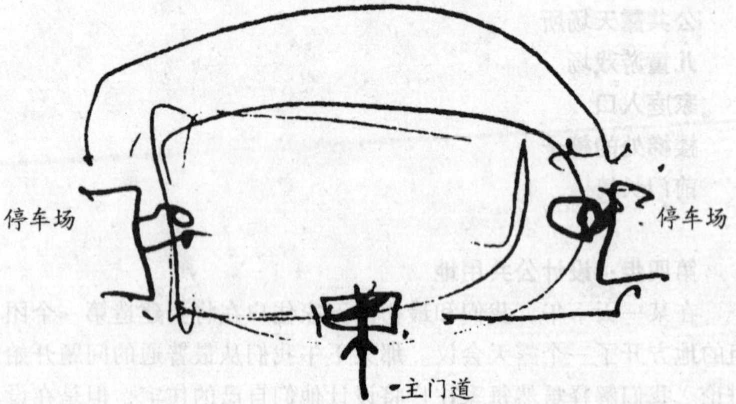

我们也同意有必要在中间位置设一块公共用地，在那里住户们可以举行烤肉野餐，也许它的旁边需要一处喷泉。我们用石头做标记来粗略地标出各个部分的位置以及这个**公共露天场所**的位置。

那天下午最有意义的讨论涉及到**公共设计**的模式。我们解释一些住户可能想选择更公开一些的位置，即处于喧闹的更靠中心的位置，而另外一些住户可能想选择处于更幽静的位置。尽管在只有 5 家住户的团组中这样的差别可能是微乎其微的，但是当我们来考虑一户有 10 个孩子的家庭和一户只有 1 个孩子的家庭的不同时，这种区别实际上就变得非常敏感。在我们讨论时，情况确实按我们所预计的那样发展。有 10 个和 5 个孩子的两家住户分别宣布他们想住在活动区域的中心，而只有一个孩子的一对年轻夫妇说他们想尽可能地被安排在住宅团组的僻静处，和别的住户分开。

因此最后大家同意住宅团组的公共用地不仅仅是一个矩形，而应更像一个瓶子：宽大处更开敞，瓶颈处更狭窄。在瓶颈处，人们会发现活动将适当地较少，因而就稍微安宁和平静一些。

那一天结束时，第一个住宅团组的公共用地被创造出来了。虽然我们在界定公共用地的过程中起到了主要作用，但我们清楚

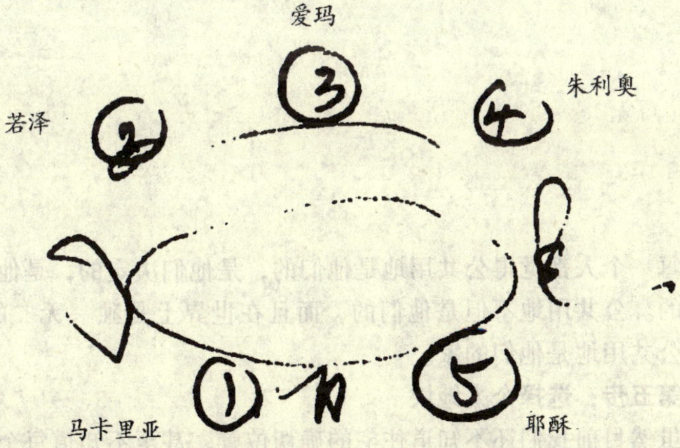

地理解和感觉到公共用地是一个共有的事情，是公共决议的结

果。每一个人都觉得公共用地是他们的，是他们决定的，是他们创造的。公共用地不但是他们的，而且在世界上是独一无二的，因为公共用地是他们的家。

第五步：选择个人地块

虽然目前我们还不知道住宅的确切位置，甚至不知道每个住户的住宅在团组中的位置。但是现在我们对整个住宅团组的轮廓

有了一个大概的认识。我们知道了它的公共用地、主入口、停车场和它的户外露天场所的位置。

住宅团组的粗略形状和主入口的位置确定下来之后，我们可以清楚地看到在团组的中央可以布置一座住宅，然后在四个角各布置一座住宅。这样大概定位后，每家住户开始选择自己住宅的处所。一天下午我们聚在一起之后，我们让每家住户选择对他们最有吸引力的地方并且去站在那里。

选择的范围是非常明显的。理发师耶酥和音乐教师两家因为希望在大街的东北角开个小商店就同时站到了同一个位置。爱玛·科西欧和朱利奥·罗德里格斯两家都想要西北角。若泽·塔皮亚想要西南角的瓶颈处，这里更安静，可以远离大路。

当然我们不得不解决两家人想要一个位置的矛盾。为了解决矛盾，我们遵循了一个用位置换大小的一般性规则，即如果一个人愿意进行第二次选择，他就有权力选一个稍大的地块作为对他的补偿。

例如带着10个孩子的爱玛·科西欧就需要一个大的地块。我们告诉她如果她愿意放弃她最想要的角落的位置，而选择中间的位置，我们实际上会愿意给她更多的面积作为补偿。考虑到她的大家庭，她非常高兴地接受了这个提议。

就两家人争要东北角的矛盾，我们和这两家人进行了长时间的商榷，再一次告诉他们如果谁愿意放弃东北角而选择东南角（东南角也临街，也可以在那儿开个小商店）就可以获得稍微多一些的面积。最后那个音乐教师接受了这个条件。我们可以从规划中看到东南角比东北角稍大一些儿，这多出来的部分是作为补偿的。

第六步：细分地块

现在每个家庭都选好了所要的位置，但是这并不完全意味着每家地块的分界线就固定下来，因此下一步我们需要划出地块的实际分界线，划分出每个家庭的确切位置和整个住宅的团组的轮廓。

要确定这些地块的边界，我们必须用木桩来做大量的勘测试验。我们把木桩移来移去以便调整地块的面积，直到我们调整出公共用地的合适形状和每家住户的合适地块为止。

这个工序花费了我们两天时间。我们用木桩标出公共用地相应的主要转角，和每家住户地块的转角并观测它们，发现有不合适处就再移动木桩来作调整，然后再观测，再调整。如此循环往复直到最后完全按照我们以前的设想，将地块设计出来并且感觉正确无误为止。

记住这个规划地块的工序和普通的细分设计地块的工序在本质上的不同之处对我们是很有益处的。虽然每个地块不是事先固定好的，但是这些地块是每家住户亲自划分的，而且是作为住宅团组合作工序的一部分进行划分的。在这一方面，我们的住宅团组的地块划分和普通的地块划分完全不同，因为普通的地块划分是由开发商或者城市进行的，没有人情味。

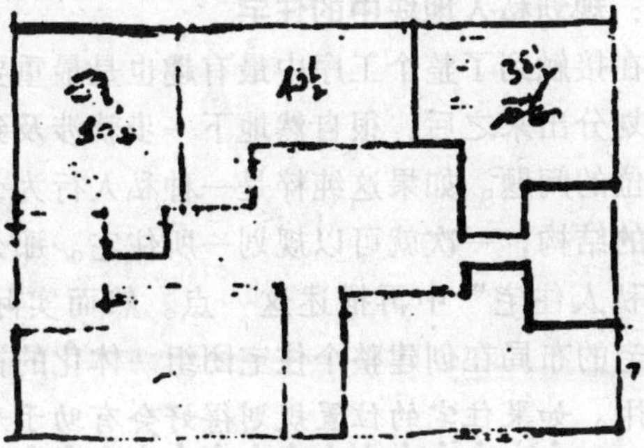

地块分界线草图

在这个工序中，住宅团组作为一个整体，首先体现的一个特点是它直接表达了这一组住户的愿望和需求；其次，每一家地块的形状都与这个独特的公共用地的形状相关联，以便于它能够根据自己所处的位置去体现自己独特的形状和特点。

反映这一独特和复杂秩序的几何图形也必须是独特并特殊的，所以我们设计得辛苦，测量得辛苦，勘测起来也辛苦。我们确实值得描述一下勘察地块的程序。在我们用木桩标出地块之后，公共用地局的城市勘测员来勘察并记录了这些地块。他们第一次勘测回来后，在图纸上所画出的形状真是令人绝望，因为图纸上的形状和我们实际用木桩所标出的形状大相径庭。之所以会产生这样的结果是因为他们所用的勘测技术太适应于普通的地块划分（笔直的线条和十全十美的90°的转角等），而他们的程序在勘测我们的地块时太不精确，不能准确地记录下木桩实际所标出的位置。这些勘测员在监督工程师的帮助下才在第三次勘察之后制做了一个能够精确记录地块真实线条的地形图。

在通常划分地块的程序中，人们是先绘图后划分，而在我们的程序中，图纸仅仅起到记录的作用，它把住户们自己在现场划分出的地块记录了下来。公共用地和私人地块的复杂性所反映出的所有住户和个人的需求、希望和梦想也要准确地多，错综复杂得多。

第七步：规划私人地块中的住宅

我们现在接触到了整个工序中最有趣也是最重要的部分。一旦私人地块划分出来之后，很自然地下一步就涉及到在私人地块上对住宅定位的问题。如果这纯粹是一种私人行为，我们不用参考住宅团组的结构，一次就可以规划一所住宅。那么我们会在下一章“设计私人住宅”中再描述这一点。然而实际情况并非这样。私人住宅的布局在创建整个住宅团组一体化的社区中起着至关重要的作用。如果住宅的位置规划得好会有助于形成公共用地的良好形状，住宅团组也就成为一个连贯的整体；反之则会使公共用地的形状不能满足住户的需求，使住宅团组成了一个松散的私人住宅的集合体，不带有公共的精神。

问题的关键在于怎样处理好公共用地和私人土地的分界线。如果我们把住宅规划得有助于形成这个分界线，公共用地的规划就能获得成功；反之，如果两者之间的界限混淆不清，那就会导致一个失败的规划。

而且合理地规划出住宅的位置在私人户外空间（私人住房的庭院和花园）的规划方面也起着关键的作用。如果住宅的位置规划得合理，对住宅本身也会有巨大的好处；否则不但不能修改，而且在私人住宅的设计阶段再做任何事情都为之晚矣。

总之，住户在自己的地块上规划住宅的位置对于设计建造过程的许多方面来说都是至关重要的。户内和户外的空间完全是由建筑物的位置决定的。如果建筑物的位置设计得合理，一切就会十分完美地各就各位，否则这种错误是任何优秀的设计和艰苦的劳动所难以纠正的。

我们之所以在这里重点地讨论这一点，是因为住宅位置的设计比其他任何一个工序都需要更多的技能。

为了说明这一点，下面我们将通过介绍一系列设计得或好或坏的住宅位置的例子来进行讨论。首先，我们给出一个把各个住户的户外空间都设计得很糟糕的例子。这是由我们的一个见习生在我们对住宅位置进行讨论的过程中对住宅团组进行的一个早期设计。我们可以看到这个设计无论是在公共用地还是私人地块方面都设计得不理想。

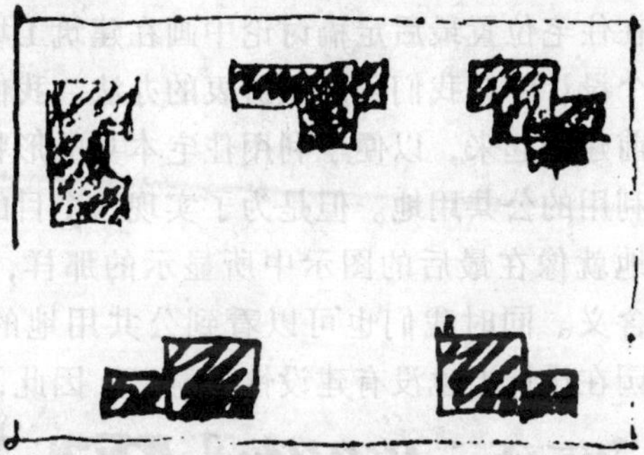

糟糕的空间设计

其次，我们将给出一个私人地块设计得合理而公共用地设计得不理想的例子，这个设计也是在我们对住宅位置的讨论过程中设计出来的。在这个设计中，设计师将个人住宅定位于可形成完美且具有令人满意形状的花园。但不幸的是，在这个设计中公共用地空间的可利用性却根本得不到体现。当然，人们可以通过在图纸上标出位置并设计道路的方式来让公共用地得到有效的利用。但是实际生活经验告诉我们这种设想出来的隔墙很少会真的建造起来。除非所有住宅本身的形状形成了公共用地的形状，否则我们不可能得到有效和高质量的公用空间。

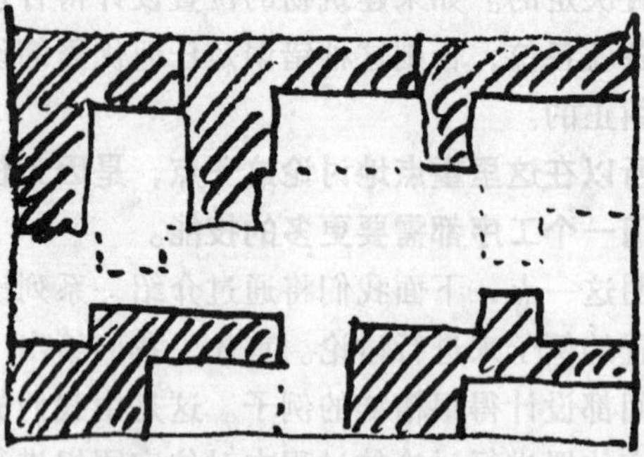

私人空间尚可

但公共空间设计得不理想

下面我们所展示的住宅空间设计是实际所完成的住宅团组的形状。这是在住宅位置最后定稿讨论中画在建筑工场的黑板上的图示。在这个设计中，我们采用了折衷的办法。我们把私人土地上的住宅提前建造起来，以便于利用住宅本身的形状来围合成一块可以积极利用的公共用地。但是为了实现这个目的，私人地块上的私人土地就像在最后的图示中所显示的那样，不再具有简洁、美丽的含义。同时我们也可以看到公共用地的形状并不漂亮，私人花园在设计上也没有建设性的意义。因此，非常不幸的

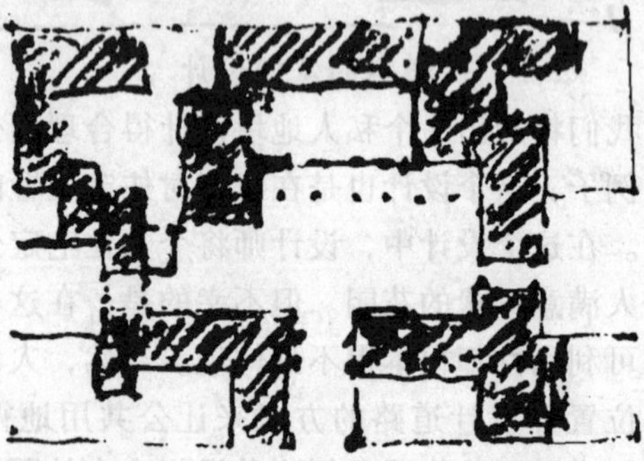

最后的设计

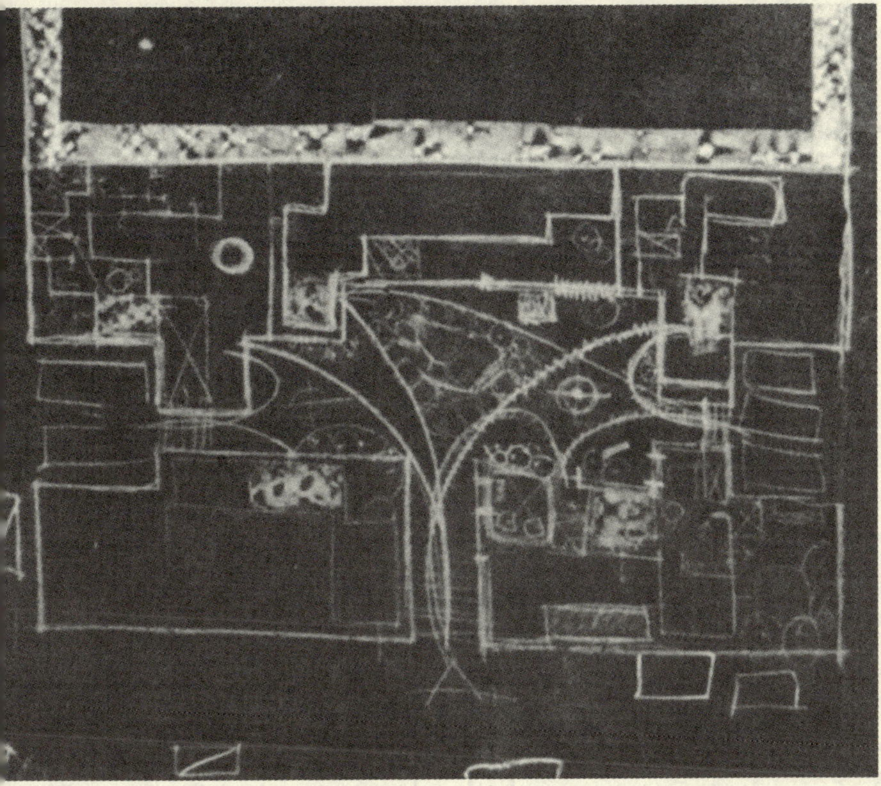

是，我们所建造的住宅团组的最后设计并不像它所应该具备的那样好，这是因为在我们建造时没有意识到这个问题所带来的十分严重的后果……当我们意识到这个问题并着手纠正时已经太晚了，在我们意识到私人空间和公共用地之间的实际质量受到破坏之前，我们已经让住户作出了一系列的难以纠正的决定。

有了这次经历，我们对规划私人地块中的住宅感触很深。在由四户家庭组成的第二个团组的设计中（由住户们设计出来，但是很不幸的是根本就没有建造），我们在设计的一开始就非常关注这个问题，所以我们设计的住宅、私人花园和公共用地的空间都是既美丽又积极客观的，而且这些空间仅仅通过住宅的位置就能体现出来。下面的两个例图是住户们在设计他们的地块时在信封的背面所画出的。后面的照片也显示出我们用粉笔在地上所画出的第二个住宅团组的设计图案。

第八步：拱廊和门廊

一旦住宅在私人地块上大体规划出来，我们接着要完成下一个工序，即让每所住宅帮助构成公共用地的形状。

这一步的本质是：每所住宅提供出一部分墙体以便形成公共用地，为了让这面墙较好地发挥作用，墙体必须用一些坚固的材料建造，同时也应当适合人类使用。

因此，这面墙体不能是一面假墙，而应当是一面人们可以利用的墙。它还必须符合**建筑物正立面**、**建筑物边界**、**走廊缘饰**、**拱廊**、**门廊**、**定位墙**等在模式中的规定。

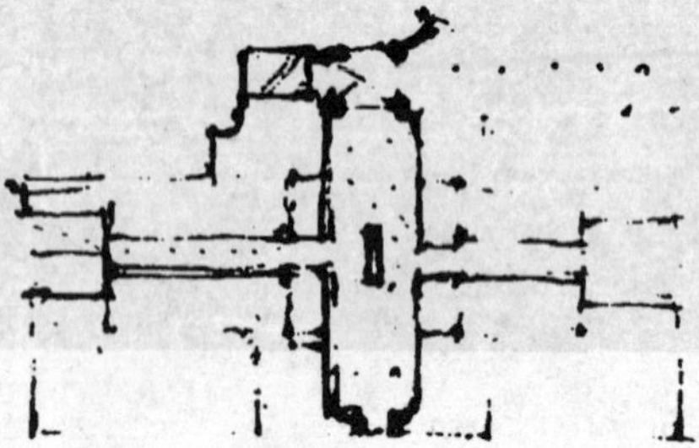

第二个住宅团组的公共用地

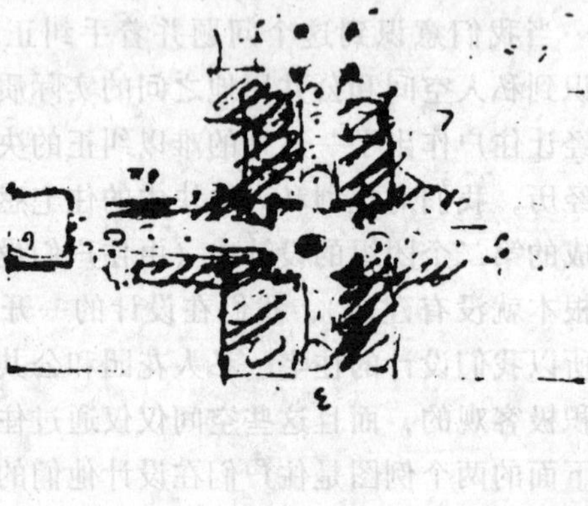

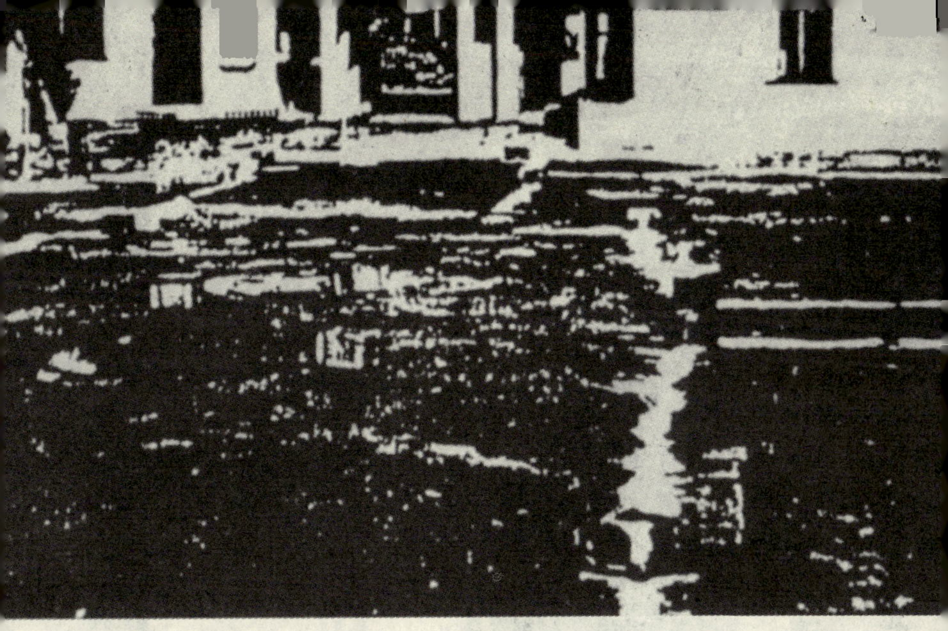

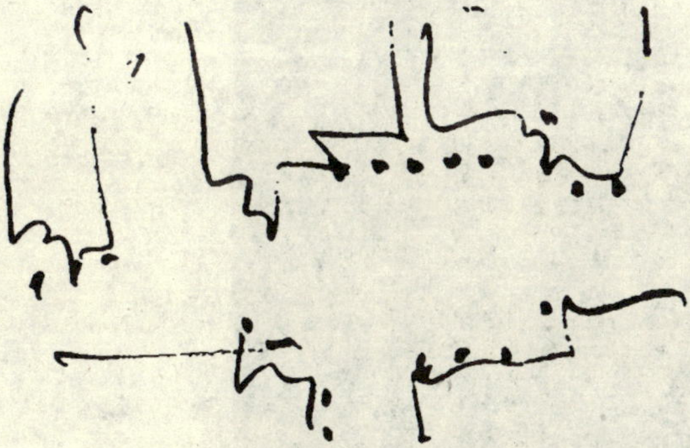

环绕公共用地的拱廊

为了开始这项工作，我们向住户解释每一个家庭对住宅团组社区都负有义务，都有责任沿着分界线做一些有益的事情，例如：

1．停车场需要和公共用地分开。我解释每座住宅和公共用地之间需要安置一些东西来保护公共用地。这个东西可以是一堵墙、一个被墙围起来的花园、一个房间、一个门廊，但是不能什么都没有。因为对所有人来说两者之间什么也不隔只能令情况变得更糟。

2．建造大门的情况也是如此。每座住宅都有责任对大门的创建作出一些贡献。

3．公共露天场所的建造情况与此相类似。无论哪一家住户靠近它，都有责任把自己的住宅设计得有利于这个公共露天场所，并能够体现出它的意义。

4．一般情况下，每个地段的边界必须由建筑物或者由环绕花园或门廊或拱廊的墙壁组成，这是因为所有这些都能使公共用地更富有生机。

因为住户们对所有这些似乎理解得非常清楚，所以令人吃惊的是他们没有疑问，而只是说这很有意义，他们愿意这样做。我们给出了一些圆凸形线脚装饰规则来帮助他们，而这些他们必须遵守。例如，每所住宅至少得有 11%的面积用作门廊。

在实现这一步骤的过程中，我们把长拱廊放在爱玛·科西欧的住宅前面。莉莉亚·迪朗也在她住宅的前面安放了前门廊以便于修筑大门。若泽·塔皮亚也这样挪动了他住宅的前部，使他的前门廊便于构筑停车场和公共用地之间的“瓶颈”地带。

尽管第一个住宅团组的住宅位置与理想的模式相差甚远（就像我们上面所提到的一样），但是在所有这些拱廊、门廊和花园围墙的帮助下，我们把公共用地建设得美丽异常、轮廓分明，与每座住宅紧密相连，真正地把公共用地围合在里面。

第九步：具体设计公共用地

最后，一旦公共用地的边界通过私人住宅的定位、拱廊、门廊和花园围墙完全确定下来，下一步我们该做的就是完成公共用地的各种各样的组成部分。

在第一个住宅团组中，我们的讨论主要集中在以下四个方面：

1. 主要入口（**入口处和大门**）
2. 从小停车场进入的次要入口（**汽车和住宅之间的连廊**）
3. 一个烤肉和夏季乘凉的场所（**公共露天场所**）
4. 一个喷水池（**水池和小溪**）

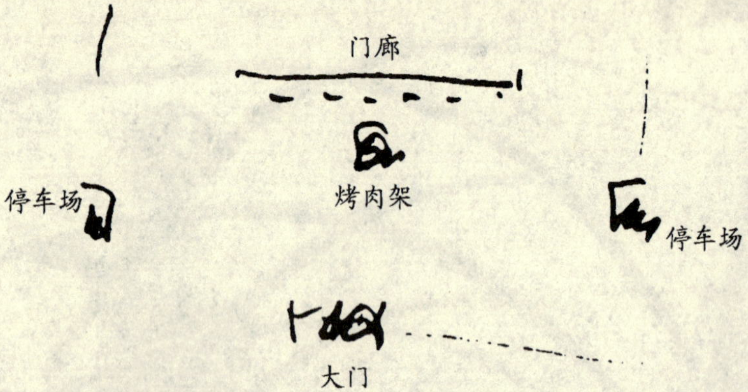

住户们非常欣赏这个工序。公共用地内的这些组成部分对他们来说很重要并且很有用途。没有花费多大的力气，我们在黄昏时分就粗略地画出了这些组成部分的位置和属性图，并讨论了建造它们的方法。一旦我们决定并标出这些位置，公共用地的具体设计就基本上形成了，住宅团组的规划也就竣工了。

※

在其他国家或者其他情形下，集体设计公共用地可能有多种不同的形式。当然，公共用地不一定总是需要被包围起来，就像墨西卡利工程中所做的那样。它也不总是像墨西卡利的公共用地一样以低密度来建造。

当我们不把街道作为抽象的交通干道而是为人们精心建造它们时，街道就会成为所有公共用地中最美丽的部分。

例如，我们作的模拟实验显示了一个类似的以二层楼的排房形式出现的住宅团组的工作过程。

在另外一个工程中我们显示了把住宅团组建得比较高，以四层楼的形式出现的情景。

在这两种情况下，建造住宅团组的最基本的活动：确定公共

用地的界限、公共功能的设置、地块的选择、私人地块的界定、设计过程中的社会群体的发展以及建造过程等仍然都包含在内。

最后，我们应当注意的是，对公共用地的集体管理并不是我们所发明的。它以这样或那样的形式已经存在几千年了。

直到大约200年前，住宅之间的空地还总是被居住在那里的住户们所管理的。因此那些被确认的公共用地总是由一些小组来管理，这些小组通常是由10～20个居住在邻近，并有可能在日常生活中经常打交道的人所组成。

尽管英国南部巴思市的街道和广场从表面上看起来似乎是具有街道形式的，但是在社会意义上来说，它们是以集体设计公共用地为基础的。虽然在印度和非洲非常普遍存在的成组的复合形住宅团组建造得比较松散，更加不拘于一格，但是它们也是以集体设计公共用地为基础的。在一个名叫特白里安的村子里，住宅是按一个开放的圆圈形状排列的，很有点儿住宅团组的味道。甚至在美国拓荒时期的大草原上，因为住宅之间的公共用地是集体设计的，毗邻的松散的农舍也基本上构成了住宅团组。当然像卡萨布兰卡或者非斯的高密度住宅也具有住宅团组的样式，这些高密度的住宅带有隐蔽的庭院，它们都通向并面对更远处的庭院。

尽管住宅可能会在不同的气候条件下，以不同的密度，不同的方式，根据不同的建筑传统组合起来。但我们认为，无论以何种形式，由一小组住户集体管理公共用地的方式是人类世界必须遵从的住宅基本管理模式。

第四章

设计私人住宅

设计私人住宅

建造过程的精华——也许是建造的整个过程中最精要的部分——就是由住户亲自设计出他们自己的住宅这个原则。虽然这并不是必需由家庭成员都从事建造过程中的体力劳动——但是我们认为，每一个家庭都有管理他们自己的周边环境的基本权利。当我们建造新住宅时，其场地规划和基本布置不是由开发商或建造商或政府进行的——而是由每个住户自己决定的，因此每一座住宅都是每一个特别家庭的希望和梦想的结晶。

我们必须拥有某项制度、某种模式语言或别的某种与之类似的具有伸缩性的手段，来让住户有可能以一种能胜任的方式把这个希望和梦想变成现实。在《建筑的永恒之道》一书中我们全面讨论了这一根本状况，在下面的几页中我们将根据实际对它进行具体的阐述。

※

现在的住宅制造形式几乎都是依赖于高度重复的建房“标准”部件这一观念来建造的。区域性房产开发的情形如此；在制造厂生产的拖车式活动住宅的情形如此；建造大型公寓中心的情形如此；实际上所有形式的公共住房和高层住宅的建造情形也是如此。在每一种情形下，住宅或者公寓的类型非常少，人们成百倍、千倍地重复建设它们。即使在那些为他们自己建造的违章建筑中，也往往存在着这种重复性的建设。在大多数违章搭建定居点，人们逐渐用建造得较好的住宅来代替那些重叠密布的住宅。这些建造得较好的住宅是模仿那些非常有限的政府建设计划建造的。相同的设计不但在这些住宅的外形轮廓上而且在建造的细节上一再重复。由各家亲自建造自己住宅的事实只是稍微缓解了这种完全相同的单调的重复。即使在那些设计师或规划师提供的“框架式”公共住宅中，虽然住户可以随意地移动墙体的位置，但是自由的幻想仍然受到本质上机械的严酷现实的制约。人们可以在“系统内”进行的选择几个墙壁位置的自由更像是犯人在监狱的院子里被允许进行不同种类体操的那种自由。

所有这些标准化都是由建造的“必需品”所创造的。人们为了建造大批量低成本的住宅看来似乎需要遵循大量的标准。但是，事实上，尽管标准的数量十分庞大，但是这些生产工序所建造出来的住宅相对来说不但数量少而且成本也高。无论标准化的动机是什么，实际情况是：由住户掌握管理居所的权利被完全地从他们的手中夺走了。而管理的权利就落在了那些设计师、行政主管、城市官员和银行监督们的手中，他们远离实际居住在这些房屋中的人们的日常生活。在这种远距离遥控管理的状况下，住宅不可避免地被异化和机械化了。

因此，我们将用一个管理权掌握在住户自己手中的程序去代替这种远距离的管理。我们采用由住在里面的人们自己设计住宅或者公寓的观念去替代住宅部件标准化的观念。每一家住户完全根据家人自己的需要和特点去设计。每一所住宅作为情感的象征成为真实生活的基础、成为心灵所向往之处、成为社会中的个性家庭的避风港和加油站。

※

在墨西卡利，我们完全能实施私人住房由私人设计的原则。每一家人根据他们自己的愿望设计他们的住房。根据住户的实际情况，人们设计并建造自己的住宅。

我们可以从我的笔记本上的一个简要段落里看出这个工序的非凡之处。这段摘要描述了工程的初期阶段发生的一件事。

和第一组住户开的第一个会议

1976年1月

所有的事情进展地都很顺利。这是一件令人惊异的事情。

互助基金会对这些住户作了几次简要的报导；住户们读了报纸上的原始通报；他们和将要领导他们进行设计的实习生关于这个工程进行了几个小时的讨论。但是直到今天下午开会前，他们中没有一个人明白所有这些住宅的建造将会是不同的。当有人问到：“这些住宅会有几个卧室?”时，我自然向他解释卧室的数量将根据每个家庭兴趣和需求的不同而不同。当他们意识到每所住宅都会满足他们的特别需求、愿望和想象时，他们的脸上放出了难以置信的光芒……。

这个片段显示出人们遭受的压抑是多么的根深蒂固。这种压抑让人们假定所有的住宅都是相像的，把人们与自然职责和过程分割开来。而正是这种自然职责和过程使他们在世界上的生活具体化。这个自然过程被推得越来越远离人们的生活以至于人们完全不再意识到它的存在，甚至不再意识到它存在的可能性。当人们清楚地意识到它是可能的，它是将要发生的时候，他们面露喜色，好像有什么神奇又不可思议的东西归还给了他们。

这个神奇的“东西”是什么？是每个家庭拥有一座完全适合他们的住宅。它包含着他们的希望、他们的梦想、他们的生活观；它与他们的孩子、他们的烹调方法、他们的园艺方式和他们的睡眠习惯有关。因为他们已经通过自己的住宅并且在自己的住宅中构造了他们自己的世界，所以这是一个他们能够去热爱的地方。

那么，就让我们通过简要地描述每一个这样的世界的模样来开始我们这一章的叙述，以便于我们能清楚、具体地了解每一家的独特性，了解所有住户之间的不同之处。

莉莉亚的住宅

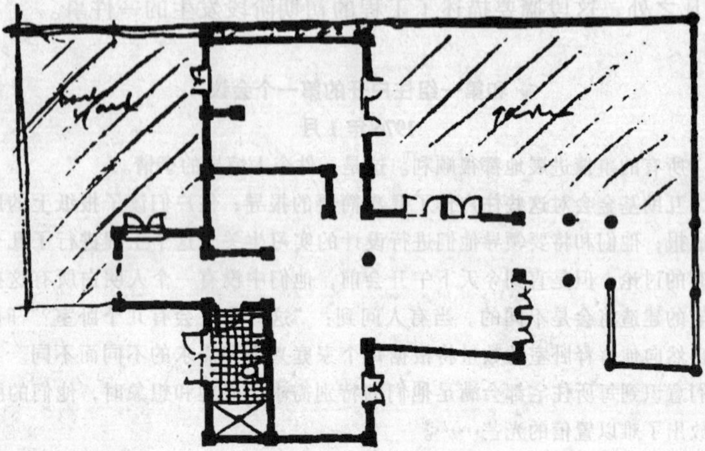

莉莉亚·迪朗

莉莉亚是一个护士，她的丈夫耶酥是个理发师。他们开始建房时只有一个大约两岁的孩子。女儿是他们的一切。他们保护她、疼爱她。在建好的住宅里，她被比喻成，实际上也就是家庭的中心。他们的住宅是五座住宅中最小的一座，形状像一个希腊十字架。家庭起居室在十字架的中间，女儿的床放在一个通至起居室的小间中，刚好偏于起居室一侧，处在一切的中心以便他们“能够照看她”。因为迪朗夫妇希望有一天给耶酥建一个理发店，所以他们建造了一个较小的房子以节省开支。在住宅的前门和以后要建理发厅的位置之间，刚好与住宅团组的入口相邻的地方，有一个巨大的门廊，与莉莉亚青少年时期所住住宅的那个门廊相似。

若泽·塔皮亚

若泽·塔皮亚和他的妻子有两个小孩儿。和他们同住的还有若泽的兄弟潘库。若泽和潘库经常动手干活，他们两人的精力都很旺盛，他们住宅的进展也几乎总是走在所有其他人的前面。

同时，塔皮亚家的住宅处在十分僻静的位置。当设计住宅团组时，他们想让他们的住宅尽可能地远离住宅团组的主要活动中心——这就导致了上一章中所描述的住宅外形和位置。然后在住宅内部，他们想要安静的情绪同样影响着他们，他们把主卧室放在尽可能远离主入口和公共用地的地方。这就使得他们的住宅变成五座住宅中延伸最长的一座，也是最具有私密性的一座。中间靠近厨房的地方有个通至大厅的房间更加狭长，那是为潘库特别建造的，他可以一直住在那里直到他娶妻成家为止。

若泽对政治很感兴趣。他相信像这样的一个工程对人们来说能够充分实现他们的潜力和超凡能力，这要比政府的计划重要的多。在工程进程中，他好几次说他想以后继续从事这类工作，去帮助其他的家庭建设他们喜爱的属于自己的居所。

爱玛·科西欧

爱玛·科西欧离婚后自己带着10个孩子，最大的15岁，最

若泽的住宅

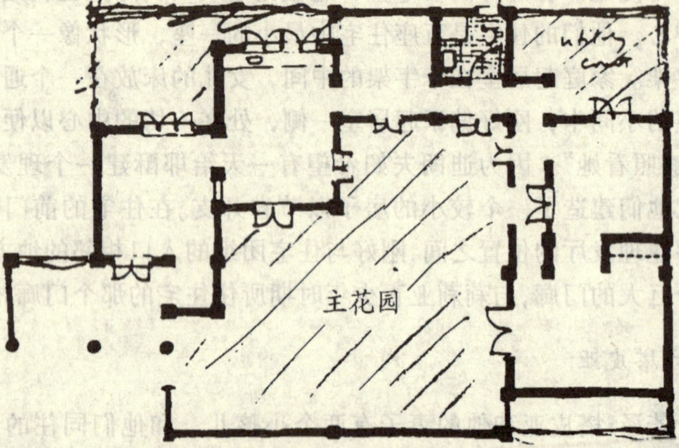

小的 2 岁。她的房子当然是五座住宅中最大的一座。房子的圆屋顶也是整个住宅团组中最大和最有特色的一个。因为家庭起居室必须能够放下让整个家庭围坐的桌子，所以它拥有最大的跨度以及在住宅团组中最高的拱形圆顶，因此从远处就能够看到她的拥有最高圆顶的住宅。她的住宅和前面已经描述过的两家的不同之处在于房间被隔成了供 10 个孩子居住的迷宫式的房间和小室。爱玛的房间在较远的一端，在她的房间外边，有一个当作工作间的空间，爱玛希望将来能在那里做一些缝纫活儿并准备一些蔬菜以供出售。

爱玛在一个高级政治官员的办公室里作秘书，她自己也对政治十分感兴趣。她在工程刚开始时非常热心，但是当工程进展中一旦出现了问题，她总是第一个抱怨者。虽然在刚开始建造时她的十几岁的孩子们工作热情很高，在工程中帮了大忙；但是后来，非常遗憾的是，无论她还是她的孩子们，对实际的建造和建造过程中要做出的设计决定都没有多大帮助。她的住宅也是所有五座住宅中建设质量最差的一座。

爱玛的住宅

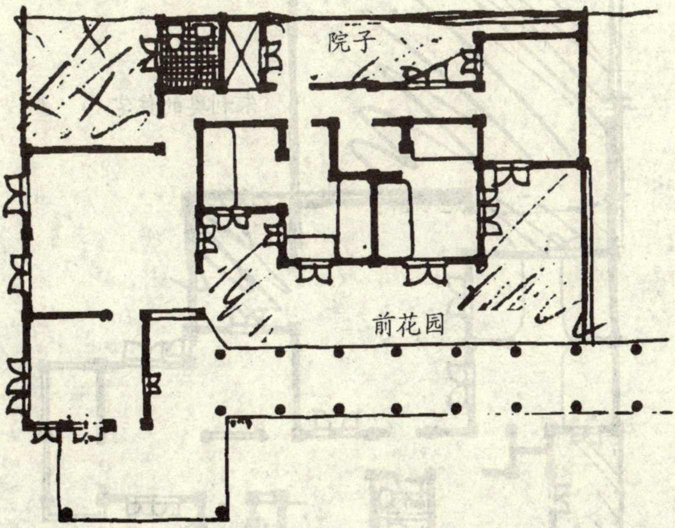

朱利奥·罗德里格斯

朱利奥·罗德里格斯长得低矮结实，是所有五个参与者中最友善的一个。在最初的几次会议上，他总是在兜里揣着一小瓶龙舌兰酒来讨论事情。后来过节时，他带来了他的吉他和弹吉他的朋友。朱利奥是电力公司的一名抄表员，他的妻子负责料理家务并照顾他们的 4 个孩子。

朱利奥幽默感很强，总是让我们大家乐呵呵的，在对他的住宅做出决定的时候，他显得既精明又老练。

朱利奥的住宅有两个其他住宅所不具备的特点。因为住宅被分隔成了家庭活动空间和私人居住空间，而厨房和卧室都设在隐蔽处，所以我们在家庭活动空间里看不到厨房。广阔的餐厅和起居室是住宅的中心。从餐厅和起居室的入口门廊朝外望去，公共用地的景色便一览无余了。

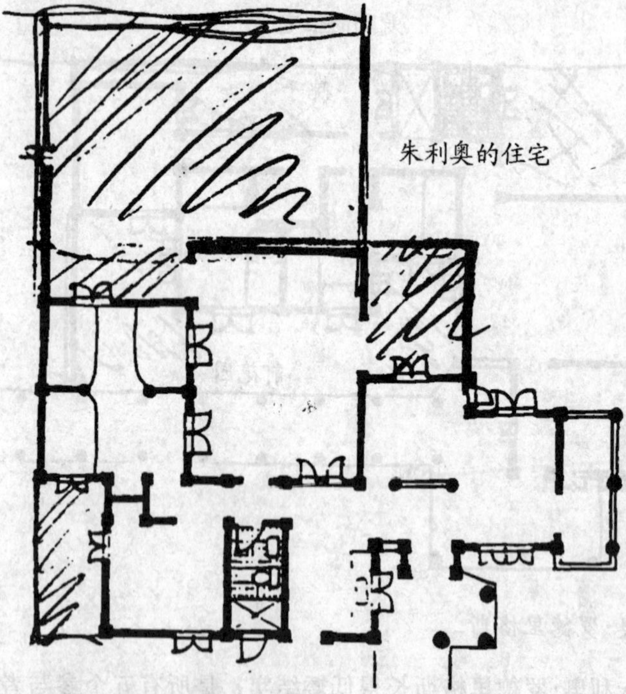

朱利奥把他的4个孩子安排在一个房间里，每张床都放在一个凹进去的小室中。因此他的住宅的布置重点在于强调人们参观的空间，而不是强调家庭成员的私人活动空间。

马卡里亚·雷耶

马卡里亚·雷耶和莉莉亚一样是个护士，她也是莉莉亚的朋友。她的丈夫是一名警察，夫妇两人都很年轻，大约25岁左右。他们有两个孩子，非常注重让自己过上美好的生活，注重提高自身素质，注重在世界上为孩子们提供一个比他们自己所拥有的更好的位置。他们孩子的玩具在住宅团组中是最好的，也是最昂贵的。因为马卡里亚喜欢把房子保持得令人难以置信的干净、明亮并井然有序，所以她的住宅建造得非常精心，既美观又整洁。由于在建房时她得不到丈夫的帮助，因为她当警察的丈夫不想弄脏自己的手，所以她不得不自己建房。于是她请了她的一个上了年岁的叔叔来帮忙。房子完工时具有其他住宅所不具备的职业作风，墙面、台面的顶部、地板和油漆都做得完美精致。

规划中家庭成员的卧室很大，而家庭起居空间相对较小。每个孩子都有自己的房间。

家里之所以有这几个大卧室是因为每个家庭成员都受到鼓励去成为生活中的一个“亮点”，因此他们都需要有一个私人的空间。

马卡里亚的住宅

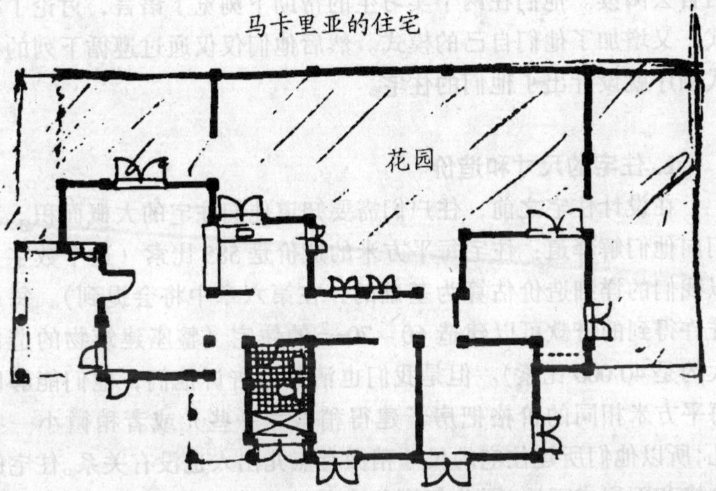

同时，她的住宅现在成了这个住宅团组的中心，经常有邻居们在那里出出进进。马卡里亚说虽然以前她的邻居从来没有像这样自由进出过她家，但她热爱这种生活方式。大家之所以能够自由进出，一方面是因为她是如此的友好，另一方面则是因为厨房在住宅中不寻常的位置：她是如此的细心，把厨房正好设在前门的里面，欢迎所有客人光临。

※

我们从这些简要的描述中可以看到每座住宅是一个有机的整体，它以一种独特的方式反映出每一个家庭的天性和灵感。下面我们来说明让这一切成为可能的工序中的技术性问题。为了开始这个工序，我们和住户们在现场碰了一次面，向他们说明现在他们要设计自己的住宅，并告诉他们这个工序将依赖于一种与设计公共用地所用的模式语言相似的模式语言。每一家拿到一份这种语言去阅读。他们在两个实习生的帮助下浏览了语言，讨论了模式，又增加了他们自己的模式。然后他们仅仅通过遵循下列的模式顺序就设计出了他们的住宅。

1. 住宅的尺寸和造价

在设计住宅之前，住户们需要知道他们住宅的大概面积。我们向他们解释道：住宅每平方米的造价是 585 比索（这个数字是以我们的详细造价估算为基础的，在第六章中将会提到）。每户准许得到的贷款可以建造 60 ~ 70m^2 的住宅（整座建筑物的造价大约是 40 000 比索）。但是我们也清楚地告诉他们，他们能够以每平方米相同的价格把房子建得稍微大一些儿或者稍微小一些儿，所以他们所建住宅的尺寸稍微有点儿出入也没有关系。住宅的价格和面积成正比，因此每家住户就可以决定他们能够盖得起多大面积的房子，换句话来说就是他们可以决定住宅的尺寸是多少。

第一个住宅团组中每户住宅的造价和面积结果如下表所示：

莉莉亚·迪朗	39 099 比索*	65.5m^2
朱利奥·罗德里格斯	43 932 比索	75.2m^2
马卡里亚·雷耶	44 356 比索	76.0m^2
若泽·塔皮亚	43 110 比索	73.7m^2
爱玛·科西欧	49 001 比索	84.6m^2

* 这些只是建材的价格。住户们可以自由地按照自己的意愿使用或多或少的有偿劳力，报酬由他们自己支付。在第六章中我们将对此作更详尽的说明。表中所标的价格都是1976年的比索。

2. 模式语言

为了建造出功能齐全、成本低廉但是能够体现每一家住户个性的住宅，住户们运用了我们称之为模式语言的方法。在这套系列丛书的前两本书《建筑的永恒之道》，《建筑模式语言》中我们对这种模式语言已经进行了详尽的说明。住户设计他们自己的住宅所运用的特殊的模式语言有21种，见下所列：

东北部户外空间
户外正空间
狭长的住宅
主入口
半隐蔽花园
前门廊
私密性层次
中心公共活动空间
农家厨房
夫妻的领域
儿童的领域
后门廊
起居空间的序列
床龛
浴室
室内空间形状
两面采光
居室之间的壁橱

遵循群居空间的结构

角柱

自然的门窗

就像下面我们将要看到的那样，这种模式语言具有惊人的能力。因为这种能力可以使一般性需求（每家住户能够感觉到的、让一所住宅具有功能化和合理性的需求）和独特的特征（让每家住户与别家不同的独特风格）一致起来，所以它能够建造一所不但独特、人道的住宅，而且它还能够满足一所好的住宅所需具备的基本条件。

因此正是这种模式语言为我们开启了建造不同种类住宅的大门。虽然本质上每所住宅的式样都是一种基本住宅“类型”的变体（由这21种模式语言所共同定义），但是每一座住宅都是根据居住在这个房子里的人的特性所建成的，所以是富于人性的，是独一无二的。在下面的几个部分中，我们将逐个地对这些模式语言的应用方式进行说明，并指出它们对不同住宅所造成的影响。我们是以上面所列出的顺序来运用这些模式语言的，所以这些模式语言以特别的顺序出现并不是我们这本书的排版艺术问题，而是住户们运用语言程序的操作过程。既然模式语言是以有意义的顺序排列的，我们就有可能一次只注意一个，有可能确保在模式语言的影响下把一个有条理、可以使用的住宅展现在大家的眼前。

3. 定义花园用地

a. 东北部户外空间

第一个模式语言（东北部户外空间）帮助住户在他们的地块上规划出住宅的确切方位。他们确定住宅的位置并不是通过安置那些“房间”，而是通过自问：我的地块中哪一部分最有用、最能做为开敞的空间或者“花园”？第一个模式语言为这个工序做了开路先锋。

由于墨西卡利天气非常炎热，于是我们观察到北面的户外空地是可以常年利用的，而南边的只有在冬季才能利用。因此我们把花园放在地块的北部，特别是放在东北角以避开西风，因为这里总有从西边刮来的带有灰尘的强劲的西风。

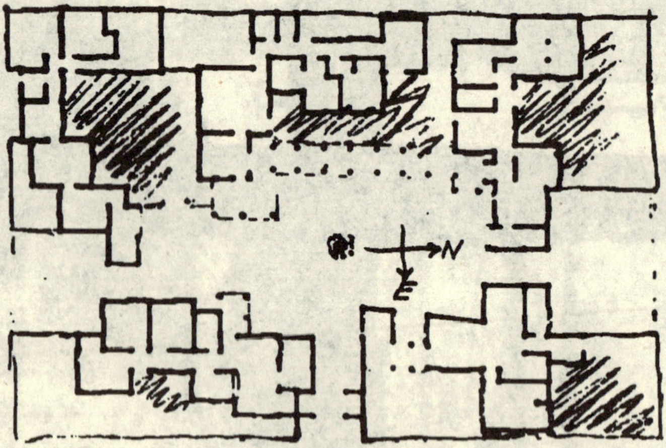

东北部户外空间

若泽和爱玛就是完全采用了这种模式。马卡里亚有义务用她的房子帮助组成住宅团组的入口，所以她不能严格地遵照这个模式，而是把住宅建在地块的最北面。她把一个门廊放在了北面，这样就能以一种小规模的形式体现这种模式。莉莉亚把户外空间放在住宅的东面，这样可以不受西风的侵蚀，但是无法避开太阳的辐射。朱利奥和马卡里亚一样无法把户外空地放在东北角，因为他不得不在地块的东端用他的住宅帮助构成停车场的入口。然而，他的确把花园放在了北面，用花园的墙体去阻挡西风的侵袭。后来他在住宅的东端建了一个有遮蔽的门廊。

b. 户外正空间

为了让户外空间对住户有益并充满生机，我们要求户外空间应当有连贯一致的空间形状、处于足够多的包围之中、位置既安静又明显。

只有很少住户很好地遵循了这一原则。五家中只有若泽一家是完全按照这个模式做的。莉莉亚对这个模式并不热心。后来爱玛的住宅和公共用地的拱廊一起进行了翻修，修整过之后的情况带有这个模式的特点。马卡里亚和朱利奥则一点儿也没有按照这个模式做。

这是最难遵循的一个模式。在遵照这个模式的过程中，我们没有足够细致地指导住户，帮助他们遵守好这个模式。等到我们意识到这个错误时，一切都已太晚。

但是因为我们在第一个住宅团组中意识到了这个失误，因此在第二个住宅团组中我们更加小心，所以四家的住宅都遵循得很好。因此虽然第一个住宅团组的五家住户没有很好地遵守这个模式，这也是他们的住宅团组中的一个最严重的缺点，然而，我们可以看出，在第二个住宅团组中我们已经完全解决了这个问题。

4. 住宅基本体量的定位

狭长的住宅

为了创建这种有益的户外空地，我们用住宅来包围空地，就像我们已经确认的用各家住户的住宅来包围公共用地的方式一样。尽管每家的户外空地面积很小，但是我们只要所建的住宅越长越狭窄，户外空地就显得越宽敞。住宅越长，它包围户外空地的效果就越好。

除了莉莉亚一家，其他的四家多少都遵照了这个模式。由于上面已经说明的原因，莉莉亚的住宅显得既小又成十字形。而其他几家都在某种程度上体现了狭长的特点，因而显得宽敞。但是，除了若泽的住宅把这个模式应用得活灵活现外，其他几家并没有把这个模式发挥到极至，充分利用到它的价值。他们没有建造房间“链”，而是把所有的房间集中在一块地方。马卡里亚和爱玛在卧室那边挤了一堆房间，就像开发商建设的区域性住宅一

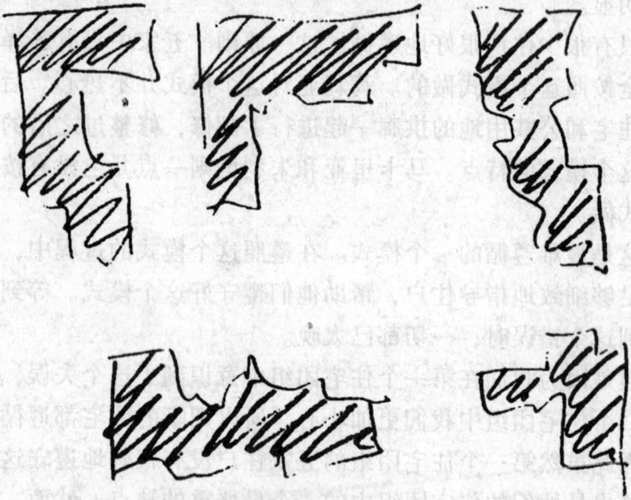

狭长的住宅

样，房间之间的走廊破坏了一连串房间所带来的宽敞感。

即使在这些住户的半成品的住宅中，我们也可以看出，这种模式语言在帮助他们在地块上定位他们的住宅方面起了极大的作用，在这些小房间给人以宽敞的感觉方面肯定是立下了汗马功劳。

5. 定义入口处

a. 主入口

接下来住户们要给住宅安放一个入口，这将对后续的步骤起着决定性的影响。入口的位置必须明显、容易接近、并能对公共用地的景色一览无余。

所有的住户在这方面做得都非常好。每个主入口都是合理定位的并且非常显眼。每家都有一个门廊，这样在五家的入口处就形成了一组美丽的大门。（参见《建筑模式语言》中的**“各种入口”**这一部分）我们做了一些工作才让若泽明白，把他家的大门

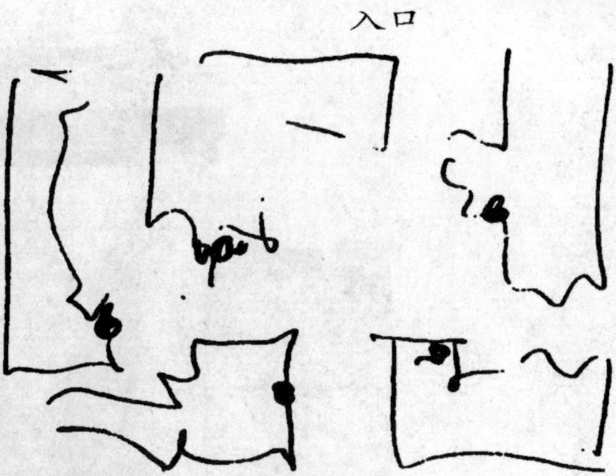

放在他最后选择的地方是明智的。一开始他把大门放在西边，所以当时他的住宅不像现在这样一直向东延伸，大门也不明显。自然若泽原来设计的那种方式在住宅设计中更为常见，因为住宅不会被延伸得太长。但是经过讨论之后，他认识到作为大门的最美丽的地方还是应当在现在大门所在的位置。我们向若泽指出，大门给住宅增加的稍微一丁点儿不寻常并非是一个缺点，相反地，大门给住宅增加了魅力。他的大门建得很不错。

b. 半隐蔽花园

为了使户外空间能够恰到好处，我们调整了住宅和环绕户外空间的墙壁和门廊的位置，以便于我们把花园设在一半隐蔽，一半显眼的地方。花园虽然受到了保护，但是它并不直接和公共用地相连，因此人们能够从花园里看到公共用地，也能看到前门处人来人往的景象。

若泽和莉莉亚两家都采用了这种模式。他们把门廊放在靠近大门的地方，通过这种方式，花园就给人一种非常美好的感觉。

c. 前门廊

为了强调入口，我们在那里设置了门廊。每所住宅至少得有11%的面积以门廊的形式出现。之所以设置这样的门廊是因为它不但可以装饰住宅的入口，而且可以帮助形成公共用地。

我们向每一家住户解释：在住宅总的造价中“包括”带有柱子和顶而没有墙壁的门廊或拱廊，它们总共应该至少占到住宅11%的面积。但同时这还意味着门廊面积将不包括在他们每家的各项成本当中，**这就鼓励了住户们建造更大的门廊**。

对我们来说，向他们解释这一点是十分必要的。因为我们很快就发现当向他们介绍门廊的费用属于直接成本时，他们并不愿支付建造门廊的费用，因为最初他们并不了解他们可以从门廊得

到多么大的好处。事实上，因为门廊连接了室内和室外，它可以使住宅的面积显得更大，更适合居住，并使建筑物周围的户外空间更加具有生机，因此可以有效地将住宅的居住面积提高30%。

譬如一个$7m^2$的门廊，在增加住宅的有效居住面积上将远比一个$3.5m^2$的额外的房间发挥更大的作用。（两者的造价大体相同，都能创造出一个通向更大的户外空间的过渡空间，并使之有益。）

但是，我们发现住户们几乎完全看不到这一点。因此，如果让一家人在门廊和卧室之间进行选择的话，他们差不多都愿意选择后者，即使在估计出门廊每平方米只有一半的造价时也是这样。

因为这个原因，尽管住户对建造门廊有误解，为了确保住宅有门廊，我们把门廊的造价当作一种“间接成本”，这样无论住户们想要与否，他们还是建了门廊。每家允许建造一个占整个住宅面积11%的门廊，但是不用对此作任何支付。

这是一项非常杰出的工作。现在住宅竣工了，住户们热爱他们的门廊，并且认识到了从它的表面无法体现出的价值。就像我们可以从竣工住宅的照片上看到的那样，建造好的门廊在住户的日常生活中发挥了巨大的作用。

6. 定义内部基本设计

a. 私密性层次

接着我们在住宅内部创造了私密性层次。这指的是把最靠近大门的房间设计为家庭最公用的房间，越往里面延伸，则是那些越不宜公开的房间，而离大门最远的是最具有私密性的房间。

把这种模式运用到了极至的两家是若泽家和爱玛家。在他们的住宅中，大门里面是公用房间，公用房间的里面是私人房间。马卡里亚和朱利奥的住宅中这种模式感稍微弱一些，我们把他们这种弱的模式叫做“分枝”模式。因为他们两家住宅的设计是：从大门进去，一边是起居室，而在另一边稍远一些的地方是卧室。我们不清楚他们这样做有什么好的理由，或者他们用这种更明显的形式是否会更舒适。

最后我们该提到的是莉莉亚的小房子。因为她的房子太小了，所以除非把主卧室放在不碍事的地方——住宅的最“深”处，否则在她的房子里几乎用不着这种模式。

b. 中心公共活动空间

在私密性层次确定下来之后，我们现在要做的就是在每家的公共部分画出一块非常有用的中心公共活动空间。这样设计的目的是让每个家庭成员进出住宅时必经此地并且能向其他家人问好。

这五家人在这一方面都做得非常成功。在墨西哥的家庭观念中，家庭公共活动中心是一个家庭中非常基本的部分，所以他们几乎是不自觉地就进行了这样的设计。因为就住宅的几何形状来

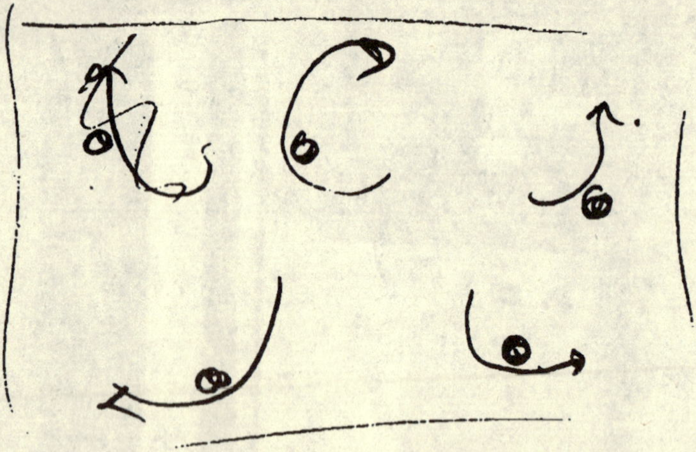

私密性层次以及中心公共活动空间

说，每所住宅已经呈现出完全不同的结构，因此，到了设计程序的这个阶段，五家的公共活动中心当然也就各不相同。

c. 农家厨房

在家庭的公共活动部分，我们把厨房定义为一个集烹调、聊天、看电视和打纸牌游戏为一身的多功能用房。

在美国这种模式引起过很大的争议，很明显墨西哥的情况也不例外。最极端的农家厨房的设计把它当作舒适的家庭活动室的一部分，但是根据愿意采用这种模式的程度，住户在设计中存在着极大的差异。

爱玛采用的是那种极端的形式：她的厨房在住宅中间的一个大的家庭活动室中。莉莉亚选择了一种更温和的方式：厨房在房间的一端，里面还放有餐桌，但是厨房不在住宅正中的位置。马

卡里亚采取了一个折中的办法：她的厨房是一个和起居室分开的小房间。但因为她是用一个橱柜把两者隔开的，所以马卡里亚甚至在做饭时也可以和起居室里的人谈天。她的厨房是一个非常高雅、优美的版本。若泽和朱利奥两家的选择是：把厨房放在一个分隔开的房间里。若泽家的厨房虽然是一个单独的房间，但是和餐厅相邻；朱利奥家的厨房是完全独立的，甚至不挨着餐厅，而且相当隐蔽。

农家厨房的模式非常重要，因为它让我们关注那些从未进行过多描述的东西。甚至当人们对以模式语言的形式陈述的模式版本意见不一致时，这种模式仍然给他们提供机会去考虑上面所提到的住宅组份之间的关系。无论他们选择书本上的标准版本还是选择他们自己的版本，模式语言届定了他们住宅组份之间的关系，因此也就有助于建筑物的拔地而起。

但是不管一个人选择厨房和其他住宅组份之间的关系如何，此时选择厨房的位置就应该考虑其他起居部分，必须把它安排在住宅规划的议事日程中。

农家厨房模式之所以是至关重要的，是因为这种模式呈现出住户有在住宅中选择厨房位置的需求，因为这种模式把人们的注意力吸引到一个十分重要的问题：厨房和房屋的起居部分的关系是多么密不可分。

d. 夫妻的领域

在住宅的私密部分，我们定义了这样一个领域，一个丈夫和妻子所拥有的独立天地。

没有一家住户能严肃地对待夫妻天地这一模式。所有住户都采取了一种谦和的方式：把家长的卧室放在住宅中尽可能偏僻、隐蔽的地方。但是除此之外，他们没有采取别的行动。他们中没有一个人去不辞辛苦地按照模式语言所描述过的美好含义把主卧

室构建成一个夫妻的“天地”。

e. 儿童的领域

我们也在孩子们睡觉的地方为他们创造了一个明确的天地，并使它和户外相连，以便孩子们能够在他们的房间和户外自由地进出，而不会在大人们可能想要安静的私人活动部分引起太大的喧闹和混乱。

这五家都以某种形式建造了孩子们的天地这种模式，不过用得最成功的是朱利奥和若泽家。朱利奥把主入口设计成孩子们在去户外时必须经过成年人的起居部分。在若泽的住宅中，主走廊有一个通向花园的门，这就使孩子们和户外保持了一种美好的联系。

7. 次要面积

a. 后门廊

在厨房的外面，我们设计了一个洗衣处，但是从公共用地上人们看不到它。洗衣处包括有水槽、水管和洗衣服的地方。通常我们把后门廊建造得足够大，能装得下旧家具、备用轮胎和其他的物品。

这是一个新的模式，我们开始给住户的模式语言里并没有这一项。它在设计中自然地得到了发展。因为每个家庭想要一个后门廊，所以在他们的设计中增加了这一点。

b. 就坐空间

在住宅内部，沿着走廊，在家庭的公共空间中，我们做了一系列很舒适的座位。在门廊外、在起居室里、在厨房的旁边以及在通道里我们随处可以就坐。

如果我们看着一所住宅，我们可能会问：“在这个房子里我们实际上能坐的地方到底有多少?”这个问题听起来答案是显而易见的，其实不然，有些房子给我们提供许多“栖息”之处，而另一些住宅则提供不了。这五家住户在这一方面都做得异乎寻常地好，他们的住宅中有许多可以“栖息”的地方，给人以非常友好的感觉。例如莉莉亚家和若泽家房子外面的矮墙、马卡里亚家的吧台、马卡里亚家通向厨房的入口，在这里人人可以停下来聊天、朱利奥家的入口处、朱利奥家住宅走廊尽头的凸窗、若泽家住宅里的小厅和其他许多地方。因为可以就坐的地方太多了，所以我们不能在这里一一列举。

c. 床龛

在孩子们睡觉的地方，我们把他们睡觉的空间分隔成许多小凹室。这样，无论这些属于较大空间一部分的凹室是多么得小，孩子们也有了属于自己的一个空间。

朱利奥在这方面做得相当好：他把四个孩子的房间用柱子隔成三个凹室，其中的一个放着一张双人床。莉莉亚把家中惟一的中心凹室放在了远离农家厨房的地方。

d. 浴室

我们把浴室放在便于进出卧室和起居室的地方，并且尽可能把它建成一个非常舒适的房间，一个采光良好、安静、令人愉悦的地方，而不仅仅是一个只有淋浴和厕所的小室。

没有人把浴室设计得十全十美。我们从这个模式中得到的主要内容仅仅是告诉人们什么时候该把浴室纳入到他们的规划当中。

※

在这个阶段，每个家庭对他们的住宅都有一个十分清晰的概念。他们几乎能够想象着在建房的现场，在他们的住宅中自由进出的情景。但是，直到这个阶段，他们中没有一个人在建筑现场实际摆放过任何木桩；没有进行过精确的测量，没有勾画出住宅精确的外形轮廓或者住宅墙壁的准确位置。

现在我们把住户带到他们的建房现场，让他们在地面上用木桩标出住宅的位置。在这个过程中，一些更细节的模式的重要性就体现出来了。

8. 精炼住宅细部

a. 室内空间形状

我们开始着手把每个房间设计成合理的形状，用建筑术语说就是设计得近似于长方形，从经验上把长、宽设计得舒适怡人。

为了做到这一点，我们请住户把每个房间和他们所了解的现有的房间联系起来考虑。如果他们摆放木桩时不参考人们已有的感觉和居住在里面的空间尺度，那么放在地面上的木桩就会经常给人以误导。如果没有符合住户记忆中的尺寸和形状，我们鼓励他们在家里去亲身体验一下：模拟一下房间的尺寸，变换它的长度和宽度直到设计出令自己满意的房间为止。

b. 两面采光

在房间形状确定的同时，我们有必要确定出每个房间窗户的位置，至少应当在房间的两面开窗。

当住户开始在地面上摆放木桩以确定房间的尺寸时，我们请每家住户要确保每个房间有充足的采光，确保光线从两侧进入室内。因为他们的房间较小，大多数房间只有一个进深，所以对他们来说做到这一点是很容易的。所有的住户在这方面做得都很成功。

c. 居室之间的壁橱

为了满足隔音的需要，我们在居室之间设计了壁橱。

住户在地面上设计房间形状的时刻，同时也是他们能够设计壁橱的最后时刻。壁橱要具有相当的厚度和体积，必须在这一阶段设计出来。他们中有几家有宽敞的壁橱，但是只有若泽家的壁橱安放得较为理想：他把壁橱放在他的主卧室和孩子们的卧室之间，这样在父母和孩子们的用房之间就建立了一个良好的通道。莉莉亚家、马卡里亚家和朱利奥三家的壁橱都是事后才增设的，虽然提供了空间但无助于房间的分隔。

9. 柱子和拱顶的位置

a. 遵循群居空间的结构

现在我们在一个个单独的房间里布置主要的结构构件——顶棚和屋顶的位置。在我们建造的第一个住宅团组中，住宅的屋面是拱形圆顶状的，因此住宅的每一部分都得考虑成拱顶，我们不得不去核对设计以确保我们能理解拱顶将要起到的作用。在其他的一些建造体制中，人们同样会涉及到由横梁、地板、坡屋顶或者其他被使用到的结构形式所引发的问题。

这是困难但重要的一步。住户们自己不能完成这件事。因为让住户靠想象把拱顶设计出来是非常困难的，所以这时设计建造师必须帮助他们。例如，有时似乎完全清晰的设计却难以建成拱顶，因为在两个长方形之间有一个“重叠交错”的角落，它需要有交错的拱顶。这样的拱顶事实上是很难建造的。在住宅设计的好几个地方，我们发现了这种微小的“错误”。这类错误必须通过插入一个额外的柱子或者一个额外的横梁来稍微地移动一下墙体的位置才能得到纠正。

拱顶的选择也对建筑的情感起着重要的影响。例如，设想一下厨房和餐厅相邻的情景，我们是应该设计两个单独的拱顶还是应设计一个惟一的拱顶？如果我们设计两个拱顶的话，必须有一个低梁来把两个空间分隔开，厨房和餐厅就会被很明显地区分开来；如果我们设计一个拱顶，那么我们就创造了一个能在其中进

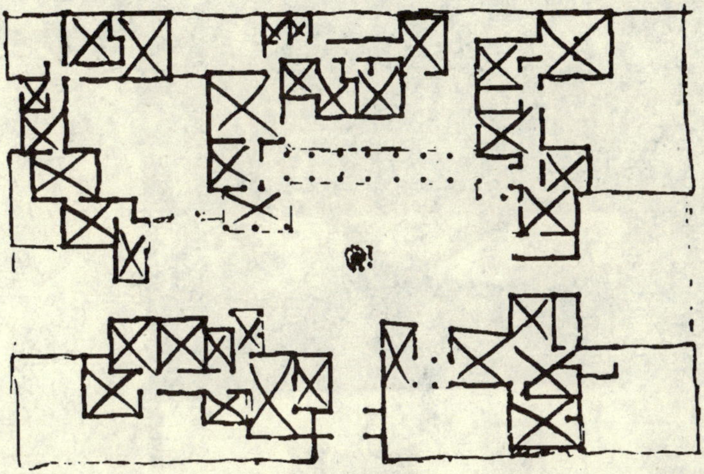

住宅设计的拱顶

行两种活动的空间。这两种情况所产生的情感是完全不同的。因此，选择拱顶的过程是在住宅设计中的最后一项主要设计，它对住进竣工的住宅中的人的感觉将产生巨大的影响。

b. 角柱

我们确保每个拱顶在角部必需彻底地由那些必要的柱子来支撑。如果任何拱顶被支撑在有很长跨度的梁上，我们会在必要的地方增加柱子。我们认为大概没有超过6英尺的跨度，如果有一个比它还大的空间，我们就会再增加一些柱子。

在大多数情况下，由于房间角落里明显的柱子给小房间本身增加了许多优雅的感觉，而且这种用来分隔两个空间或者支撑较长横梁的摆放不规则的圆柱也非常漂亮，所以人们易于遵循这个模式。这里应该特别提到的柱子有：在马卡里亚的住宅大门和起居室之间的柱子、朱利奥起居室的柱子和莉莉亚的房子里把起居室和厨房隔开的柱子。

有时，对这个模式的不够关心会引起混乱。最明显的例子是在爱玛住宅的卧室“迷宫”中，由于柱子的位置选得很糟糕，因此也就损坏整个空间布局。

10. 开洞的位置

自然的门窗

在确定柱子和横梁的结构时，我们通过站在每个房间里的方法来明确门窗的位置。我们尽量设想出每个房间需要多少光线，什么样的视角可以使房间尽可能显得漂亮。

在这个阶段，对于应该把窗户设在哪儿的问题，住户仅仅需要得到一个粗略的概念，因为只有当人们在砌墙时，他们才能深切地感受到窗户的确切位置，所以窗户的详细定位和尺寸是在建造过程中确定下来的。我们将在下一章中对这一点进行阐述。

但是在这一阶段，住户确实应该把门固定下来，因为门对混凝土地板的浇筑有影响。

这样，住宅的设计就大功告成了。住户们已经作好了准备，他们可以开始建造住宅了。(请参见第五章。)

※

现在让我们来评估一下住户们为他们自己设计的住宅。

首先，我们观察到的是，他们的住宅和人们通常在郊区为自己建造的住宅一点儿都不一样。例如，在墨西卡利，大多数情况下，人们为自己建造的标准住房是一个小方盒子：总面积大概是450平方英尺；厕所通常设在外面；住宅是由普通的砖块和灰泥建造的，用的是水泥灌筑出来的僵硬的柱子和圈梁，屋顶是木制的平屋顶；住户把房子建好之后立即进行内部粉刷，而外部粉刷只有在以后当住户手头足够宽余时才会进行；门窗一般来说买的是二手货；地面是由混凝土板铺成的。

这类盒子式的住宅可能是由某一家住户按照他们自己的设想去设计和建造的,但是设计得很糟糕,几乎没有可以弥补的特点。情况怎么会是这样的呢?我们不是声明过由住户自己设计的住宅是最好的吗?我们怎么能够把一个小方盒子式的住宅批评为糟糕的设计,而这不正是由住户自己设计和建造的吗?问题的答案在于当一种文化被割裂后,当拥有那一种文化的人没有一种生动的模式语言,因此就没有一定数量的自助方式或者自我设计来教给他们为自己明智地建造住宅所需要的那些知识。建造这种盒子式住宅的人们忘记了他们曾经知道的所有关于建造住宅的知识(文化方面),他们正是在缺乏知识的情况下建造了这些住宅。

一个人可以为自己烹调,但是他还应该知道怎样烹调。如果他不知道一些制做食物的简单要领,而只是把鸡蛋、橄榄油、面包和牛奶放进平底锅里,那结果只会是一团糟。如果你想做一个鸡蛋饼,你就得知道做鸡蛋饼的烹调方法。

就像做鸡蛋饼一样,一个人应该知道建造住宅的规则才能建造一所好的住宅。只有当一个人用一套好的模式语言后,才能设计出他的住宅,一个我们预期会成功的住宅。

那么,我们假定在一种模式语言中设计一所住宅需要极大的技巧和精妙。同时我们还假定我们给住户的语言模式在某种程度上确实把技巧和精妙教给了他们。但是我们需要把技巧和精妙教给住户到怎样的程度才算好呢?这个过程算是一个成功吗?

当然,我们能够看出我们教给他们建造的住宅比他们自己凭感觉用简单的水泥方砖建造的盒子式住宅更丰富、更有意义。从表面上来看,我们可以明智地推断出我们的住户自己为自己建造的住宅比其他生活在墨西卡利的人们为自己建造的住宅要好。但是我们的住户自己设计的住宅比建筑师目前设计的大规模建造的住宅是不是更好?这毕竟才是问题的根本所在。

但是当与这个工程有关的几个官员清楚地意识到住户们确实自己设计了他们的住宅,并且住宅彼此之间又是如此的不同时,

他们开始变得非常惊慌。例如，公共工程局的局长——工程师罗热里奥·布兰科，以及对住宅制造提供贷款的互助基金会的主任布兰迪·埃雷拉，开始对住宅规划所进行的“精确”设计提出疑问。就像他们所陈述的那样，“毕竟对于没有专门技术的住户来说，他们精确设计自己的住宅是不可能的，难道我说的不对吗?”

我说我不同意他们的看法，并且请他们自己去视察住宅。当住宅已经建了一半时，有一天他们来到了建筑现场，并且进行了视察。他们看了一会儿，就来告诉我说他们发现有些地方很奇怪。例如，在马卡里亚的住宅里卧室占了很大的面积，而家庭的公用部分却非常小。卧室真的大得不均衡了吗？我说咱们来问问马卡里亚本人。我们邀请马卡里亚来，让她自己来告诉我们。我问她为什么在她的房子里卧室是如此之大，而家庭的公用部分却是如此狭小；你们可以聚集在一起的空间这么小，难道在住宅里不会引起麻烦吗？下面是马卡里亚本人的回答："当然，确实，我们是专门这样做的。你们看，我们自己的生活状况并不好。然而，我们下决心让我们的孩子抓住每一个机会过上更好的生活，我们想让他们尽可能过上最好的生活。我们只有两个孩子……我们把我们能提供的最大的房间给他们每一个人，以便他们两个能够在成长的过程中，在自己的房间里，做他们想要做的任何事情：把房间作为书房、工作间、一个能够塑造自我的地方。这就是为什么我们决定尽可能多地增加孩子们的房间面积以便于他们能以最好的方式生活的原因。至于家庭公用房间——家庭活动室……那个问题，当我们在那里，特别是我们都在那里时，我们想亲密地在一起。因此这就是我们为什么需要那么大的空间，为什么我们把家庭活动室和餐厅设计得非常小的原因。"

这样一个令人信服的、无可争辩的事实也再一次显示出单独的住户对他们自身需求的了解远比我们对他们的了解要多得多。

但是当我向政府官员们解释马卡里亚的情况时，他们耸耸肩说："哎，无论怎样，他们不懂得怎样去设计住宅。"面对这样傲慢肯定的答复，你还有什么可说的呢？

政府官员的肯定答复之所以非常错误是因为他们仅仅由于马卡里亚的设计不同寻常就认定她的设计出现了"错误"。设计不同寻常是因为设计的需要，是因为设计要为住户的生活目的服务，是因为住户的家庭成员最了解他们自己的需求。如果把马卡里亚的设计"纠正"为较小的卧室和较大的家庭活动空间，那将会是完全错误的。我们大家所看到的这种情况的惟一真正的错误是官员们的错误观点。他们看问题的角度发生了偏差。

这是一个极其重要的问题。我们一次又一次发现住户们确实知道他们的需求是什么，而且他们的需求是非常地强烈和具体。而银行和政府官员们傲慢地认为他们了解什么对住户是好的，认为只有“建筑师”才有资格做出这样的设计决定。他们的观点是自负和荒谬的。

甚至就连我们自己也并不能总是完全重视只有住户才最了解自己的需求这一事实。例如，我认为我们有必要来听听下面的故事。这是一个某一天在设计和建造朱利奥·罗德里格斯家的住宅时所发生的事儿，我把它记在了我的笔记本上：

一件有趣的事儿。今天，我们和朱利奥·罗德里格斯以及他的妻子进行了讨论。最初，实习生们已经把他们的门廊设计得比室内地面高出 5 英寸。我显示给他们看这样会使人好像有跌落感，非常不舒服，所以他们应该把门廊降低以便和室内地面一样高。

可是墙已经砌起来了，所以现在的问题是我们是去掉一堵墙、在墙上建一个门还是做些别的事情？我认为既然起居室需要一个通向门廊的门，我们就应该在起居室的墙上挖一个门。我们讨论的是门的确切位置。

然后的问题是门廊的什么地方向外部开放？即门廊的什么地方不需要墙？我认为门廊要在面向公共用地的地方打开。

然后突然就出现了一个问题：朱利奥认为门廊不需要任何开口，只需要环绕的矮墙就行了。这样门廊就似乎被围了起来。他解释如果门廊被打开缺口，即使只打开一个缺口，由于门廊离停车场较近，打开的缺口将会被用做进入住宅的主入口。这将会破坏门廊和他们已经花费了一些力气所创造的美丽的主入口这两者的形象。因此他们将在外面用一堵矮墙把门廊包围起来，只能从房间内部进入门廊，把门廊作为一种户外房间。对他们来说，那是十分迷人和精致的。也许这是在朱利奥和他的妻子第一次开始感觉到建造住宅的程序是掌握在他们自己的手中后的某一天发生的事情，从一种现实的角度来说，这是意义重大的。他们开始感觉到掌握这种权利的舒适性。

后来我们很清楚地看到由住户们自己进行的设计是一个“成功”的设计。他们的设计比当今由建筑师设计的大规模建造的住宅要好得多。然而，我们必须认识到这不仅仅是因为住户们为自己设计了住宅，而且是因为他们运用了一种“语言”，这种语言让他们有可能在住宅的设计过程中精确地表达出他们的情感。

※

下面要涉及到的是本章的最后一点。人们有时候会想知道在住所变动如此频繁的今天，这种个性化住宅设计的原则是否还有意义。如果一个家庭设计了一所住宅，过了不久就搬走了，另外的一家搬了进来，然后，三年以后……那么，这所由一家设计，然后又由另外一家居住的住宅还符合这个原则吗？对第二个家庭它还有意义吗？既然人们能否长期居住是如此地难以预测，我们建造标准住宅岂不是更有意义吗？

这种个性化住宅设计的原则甚至在这些情况下仍有意义。如果我们考察不动产市场，我们会发现要价最高的住宅是那些独特的、有魅力的、有个性的、鹤立鸡群式的住宅。许多这样的住宅都是很多年前建造的。它们之所以有魅力（有价值）就是因为它们是由一些特殊的人们所设计的。一些完全不同的家庭搬了进来本身并没有改变这样一个事实：这些住宅是以富于人性化的现实为基础建造起来的，所以这些住宅就更具有人文的特点。就是这一事实使这些住宅具有价值。

看待这同一个问题还有另外一种角度：如果我们设想一下不同种类的住宅具有非常庞大的数量，并和实际住户的各种需求相一致，那么我们就会看到一个家庭购买一所现有住房的选择余地就大得多。他可以从数量庞大的不同住宅中进行挑选，这些住宅在心理素质和独特个性方面都各具特色。市场上存在着种类繁多的住宅的状况为人们提供了寻找与他们的特质和特殊需求相一致的住宅的机会。这种机会要比从现在小范围内的、有限的标准住房中挑选的机会大得多。

因此，个性化的住宅设计原则创造了更多的人性色彩，在住宅和家庭之间创造了更多的选择亲密关系的机会。甚至当许多家庭购买和搬迁进其他住户所建造的住宅时，情况也是如此。

当然，因为由住户设计他们自己的住宅创造了一种亲密关系，也“减弱”了住户搬迁的欲望，所以它减缓了人们从一所住宅搬迁到另外一所住宅的漂泊之旅。它让人们定居下来。它趋向于让社会安定，趋向于维持社区的稳定。

第五章

一步步地建造

一步步建造的原则

现在，让我们设想一下每个家庭已经为他们自己设计好了住宅，并且每一家已经在地面上用木块或石头或粉笔标出了住宅的具体形状。

但是所有这些变化多样的住宅怎样才能用一种简单有序的方式建造出来而又不比通常的住宅有更高的成本呢？

在我们所定义的程序中，由不同住户所设计的不同住宅不是根据“标准化”图纸的体系或标准化“构件”的体系所建造的，而是由一个接一个或者一步接一步的操作体制所控制的。

这些特殊的步骤或者“操作”被定义得如此之好，因此人们可以自由地把它们运用到每一个设计规划上（只要它遵循最低限度的规则），并且当它被合理地执行后，人们还可以根据每个设计来建造出一所完好的、结构合理的建筑，而不需要绘制出每一座建筑物的图纸。

因此，这个建造程序能够允许建造形式各异、数量庞大的住宅，并且不会增加成本。

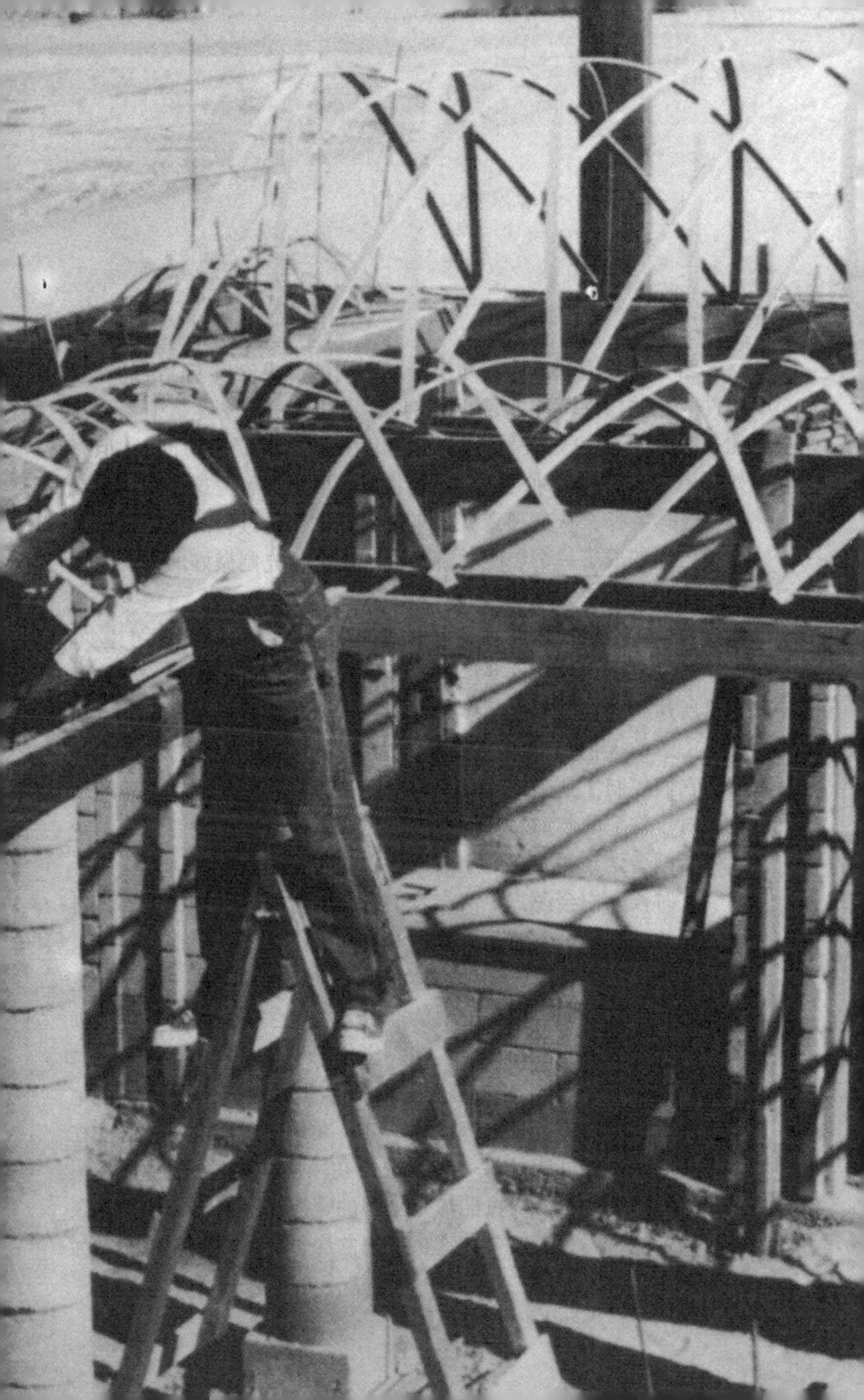

※

当今的住宅制造体制几乎都以不同的形式依赖于标准的建筑构件。这些构件可能非常小（例如，配电箱），或者是中等大小的（2×4开间的立柱），或者非常大（预制混凝土房间）；但是如果不考虑它们尺寸的话，建筑物就可以被理解为这些构件的装配集合体。那么从这种意义上来说，住宅制造过程的实际建造阶段就已经变成了一个装配的阶段：一个把预先制做好的构件在现场装配起来形成完整住宅的阶段。

人们对于这种体制对住宅制造产生的巨大影响还知之甚少。人们还没有意识到由这些构件以及由这些构件所构成的装配体的需求所达到的控制程度是多么得深远。但是，就像对建筑的本质有所了解的人们所知道的那样，这些构件装配体的需求是无情的。它们控制了所有细节上的安排。它们妨碍了繁杂式样的变化。对于住宅的装饰、任何奇思妙想、任何幽默感或者任何一个人可能都会做到的人类的小情调，它们都是不通融的。

有时候人们会说，生活在我们这个工业时代，这些构件是难以避免的，它们是工业化奇迹的产物。但这是完全错误的。

一座住宅就像是一个生物体，是一个有机的整体。除非住宅一直适合于住户在小细节方面的需求，否则住宅的结构就不能彻底地适用于它的需求和功能。在一座住宅中，某一个架子是有意义的；但在另一座住宅里它就失去了存在的价值。在一座住宅中，两个柱子构成了一个座位的基础；在另一座住宅里，这些柱子之间的联系就可能是另一种情况。在一座住宅中，前门很窄；但在另一座住宅里前门可能却是足够的宽。在一座住宅中，屋顶的边檐很高，因为人们要在这个特别的房子的屋顶上睡觉；在另一座住宅里，作为房子基础的阶梯就成为人们就坐的地方，因为花园是如此美丽，人们需要坐下来欣赏这一美景。

总之，住宅对住户的细节适用性必须在建造过程的所有环节中都得到贯彻。在设计中，我们不应当忽视这一点。目前建造住宅的方法不可能实现这样的适用性。标准构件是依附于标准连接的，是由那些对住宅一无所知的工人和吊车司机把它们装配在一起的。这些工人和吊车司机对于这些构件将会带来怎样的效果没有兴趣，不可能让建造的细节和满足住户的种种需求相适应。这不仅仅是在建造过程中出现了错误，而且在建筑技术方面也出现了错误：巨大的建筑板材、预制的构件、集中干燥等等，它们都不允许建造细节中的日常适用性与建筑物相适应，而这正是一个好的设计所必需的。

因此，我们打算替代这样一种观念，即把装配构件的建造体制替代为一步步实施建筑操作的建造体制。每个步骤都能在施工现场对正拔地而起的建筑物作出直接的、低成本的、高效的、现场的调整，以便施工人员能对建筑物的形状和细节进行明细化管理，而不需要让构件的设计者或者工厂的制图员插手这些事情。

在这种条件下，我们是按建造一座建筑物所需要的行为，而不是按其物质构件来解释建造体制的。这并不意味着建筑行为中就没有物质构件，这其中当然有物质构件，但是物质构件不是标准化的。相反，只有建筑行为或建筑操作才是标准化的。建筑构件是由建筑操作创造的，采用它们所需要的任何形状和尺寸去完全适应它们将要被安放的位置。

我们马上可以看出这个想法比把建造体制作为一整套构件的观念要丰富得多。即使在建筑程序被认为是标准的情况下，因为建造体制的每项单一操作都是标准的，由这些标准操作建造的建筑物仍然要丰富得多，比模数化构件所曾经能装配成的建筑物可能出现的种类要多得多。同时建筑物也具有一种朴实的美。例如，所有的圆顶建筑都是由相同的程序建造的，没有哪两个圆顶建筑是相似的。但是比起模数化构件所能进行的组装，它们是一种同一得多的有机体，每一座住宅在适应环境方面都要精妙得多。

20世纪确实是历史上第一个把建筑物的建造以标准构件为基础，而不是以一套标准化的操作为基础的时期。即使在传统上以3英尺×6英尺的塌塌米“模数”为基础的日本住宅的建造中，实际上也是以操作为基础的。在实际操作中，人们在住宅里单独精心地制做材料，在实际的设计和区域中允许有极大的差异。南欧的石头住宅，英国和北欧的砖房，斯堪的纳维亚和俄罗斯的木制住宅和教堂都是由一系列的标准操作建造的。这些标准操作允许从地面上的设计开始让设计逐步地得到发展。砖房中最大的模数是砖块——砖块易碎的特性使它便于被切割；木制的部分都能根据尺寸来切割；灰浆能够覆盖任何尺寸的墙壁和顶棚。材料能够适应设计中各种各样的变化，既可以适应墙壁上细微的曲线，也能够适应在一个有机的建造过程中出现的没有预料到的需求：把门朝这边移动2英寸，把窗户朝那边移动3英寸等等。

在《建筑的永恒之道》一书中，尤其是在第8章、第19章和第23章中，我们已经充分阐述了操作比构件更为基本的观念，因此我们在这里不再赘述。相反的，我们将假定读者熟知那些理由，我们继续解释另外一些必须理解的观点去建立这样一个标准的操作体制。

首先，我们仅仅把建造体制理解为一套“任意”的操作肯定是不够的。从肤浅的意义上来讲，甚至就连最专制的模数式建造体制“也是”一整套操作——但是这对它所建造的建筑物没有产生什么好处。只有当建造体制所包含的特定操作满足某些非常明确的准则时，建造体制才会生产出有机的建筑物，好的建筑物，部分能够良好适应整体的建筑物。我们已经认可的四条准则是：

1. 操作不把限定的尺寸强加于建筑物的设计中。相反地，操作创造了在尺寸上适应它们存在环境的各种部件。

2. 操作序列不仅仅把以前的详细设计变成物质现实，而且还把建筑物直接从在地面上进行的粗糙设计中“培育”了出来。

3. 建筑操作和用于住宅设计的模式相一致。

4. 每一个操作本身是完整的。当人们完成一个操作后，心理上会有一种“成就”感。

在下面的几页中，我们将会解释这四条准则的基本内容。在这之后的几页里，我们将详述我们在墨西卡利建造住宅的实际过程中所一步步运用的具体操作。

准则 1：操作不把限定的尺寸强加于建筑物的设计中。相反地，操作创造了在尺寸上适应它们存在环境的各种部件。

从前面的讨论中我们可以很明显地看出这个准则是第一位和最基本的要求。

模数化构件的最大缺点是当设计被重新安排来适应构件所要求的模数尺寸时，设计就会被扭曲。例如，在一个 4 英尺宽的棋盘式网格布局上，一个通道应该是 4 英尺宽。但在一个特定的地方，人们感觉正常的通道可能应该是 3 英尺 3 英寸或者 2 英尺 11 英寸宽。如果这个通道还要再加宽，它就失去了作为通道应有的感觉。缺点还不仅此一点。如果住宅剩下的部分都已经被设计出来，通道不得不加宽到 4 英尺，剩下的设计就完全被撕裂开来：每个空间将不得不有一个稍微不同的比例，因此就会和原来的设计有着不同的感觉。在一些情况下，地形学的“布置总图”实际上将会改变设计中邻近的建筑物，就像我们从图纸上设计棋盘式网格布局的经验中所了解到的一样，棋盘式网格布局最终会完全控制设计。

因此我们有必要认识到建筑设计的尺寸完全是由建造现实所决定的，因为建造过程的易变性足以使这一点成为可能。

（我们之所以偶然地得到这一点部分原因是由连续的模式语言所带来的。我们已经在《建筑模式语言》一书中的：角柱、圈梁和顶棚拱顶等章节中对这些模式语言进行过描述。运用模式语言的结果产生了连贯的结构而没有使设计扭曲。关于这一点，我们也可以参见《建筑的永恒之道》第 23 章的内容。）

准则 2：操作序列不仅仅把以前的详细设计变成物质现实，而且还“培育”出了建筑物。

为了尽可能清楚地理解这一准则，让我们来对比一下两种相当不同的情况。

第一种情况：设想在我们开始建造之前，我们已经对建筑物的设计了解得非常完美，以至于实际的建造过程一点儿也不具有创造性。我们仅仅是在完成施工图上那些设计得无微不至的款项。

第二种情况：在我们开始建造时，我们只有一部分不完全的设计图纸。在这种情况下，在我们完成不同的建筑操作时，每一个操作过程都会出现新的问题。这些新问题能使我们确切地、更深入地理解怎样进行下一步的操作。

在第二种情况中，我们可以说因为建筑操作过程具有创造性（在操作过程中，人们开发了一些他们以前一无所知的东西；每个操作过程都给建筑物增加了一些额外的内容，一些额外的细节），所以它们“培育”出了建筑物。另一方面，我们不能说第一种情况的建筑操作“培育”出了建筑物，因为操作过程基本上是被动的、盲目的；它们没有对建筑的概念增加任何内容，因为建筑操作程序在建造开始之前就已经完全存在了。

对于一个对建筑几乎一无所知的人来说，第一种情况可能比第二种更有吸引力。毕竟，如果人们从开始建造那一刻起就全部了解建筑操作程序，这听起来好像建造程序中就含有某种特别的十全十美的成分——这“似乎”是一件可取的事。

但是，实际上，这种十分机械的完美是非常天真的设想。这确实是一个不同寻常的简洁的想法——但不是一个好主意。任何一个有长期建筑经验的施工人员都知道最完美的细节、最令人满意的安排是不能提前预测的，而是自发产生的，是在施工现场所遇到的特定情况下产生的敏捷的反应。

然而，在处理建造过程中临时出现的问题时，我们当然是根据建筑物对当地环境的需求，对具体问题进行详细、具体的分析。只有当建造过程本身具有某种自然的优美或者典雅时，我们才能处理好建造过程中临时出现的问题。人们不能在任何建造过程中处理好临时出现的问题，因为建造过程中临时出现的状况太容易导致一系列无穷尽的错误、问题和麻烦。这些错误、问题和麻烦将会增加成本，减慢建造的速度、甚至引起建造的严重困难。

之所以会发生这样的情况是因为在典型的建造过程中，操作过程是以相当复杂的形式连续存在的。当我们进行一个操作时，我们通常有必要考虑到其他的以后将要进行的操作，要提前为它们创造“空间”。例如，当我们施工地基基础时，我们通常必须给以后安装的水暖设备的管道留下空间，认真考虑地沟的确切位置，提前考虑再后来要施工的墙壁的不同厚度等等。

这种“向前看”的要求对建造过程造成了毁灭性的影响。因为既然人们非常了解建造过程的复杂性可能会引起的差错，他们就会尽量通过不断重复地建造相同的住宅来避免出现这样的错误。这些重复建造的住宅在所有建造的细节上一模一样。如果在一座住宅里把电线整齐地安装在壁橱的顶棚里的方法也适用于另一座住宅，那么另一座住宅就必须拥有一模一样的壁橱、一模一样的电线——必须是完全一样的——否则只要出现稍微一点儿变化就会引发一种新的状况，使人们处在不可预测的，常常又是没有先例的困境之中。

这样，出现这种困难的可能性对设计的标准化造成了极大的影响。它给施工人员重复地建设相同的住宅或公寓以强烈的鼓动作用，甚至在住宅或公寓的具体细节方面也都相同以避免发生错误。

但是，通过第三、第四章中的讨论，我们会献身于一个完全不同的设计过程。在这个过程中，人们可以对不同的住宅进行不同的设计，每一栋住宅在建造时，实际上与以前所建造的任何住宅都不一样。如果我们要避免不同的操作过程所造成的混乱——甚至当不同的住宅都有不同的设计时——我们就必须有一个不会出现这些错误的建造体制。

这就需要一个操作体制。在这个体制中，操作过程具有某种非常特殊的性能：**即虽然我们一次只完成一个操作过程，并只注意这个过程本身，但是通常我们确切地知道我们可以完成下面的操作，因为正是操作过程的自然属性使它们能够适应已经完成了的操作过程。**

我们来看一个在房间上搭建拱顶的例子。在墨西卡利的建造体制中，每个房间都有一个拱顶。这个拱顶是用泥铲把混凝土涂抹在粗麻布上制成的，粗麻布被摊开在一个根据房间的结构织成的木篮上。现在这一系列的操作有这样的特性：我们能够把房间建成设计所指定的任何形状而不用去考虑顶棚的形状，因为无论房间有什么样的轮廓，顶棚都可以被编织成适合房间的形状。

建造墙壁拐角的操作过程的情形也是如此。当我们用墙角空心砖来界定房间的墙角时，我们确信我们总能在柱子之间“展开”由墙体空心砖砌筑的墙壁，因为墙角空心砖能够被切割成凹口。因此在我们标定墙角的时刻——只是在我们标定墙角本身——我们不必为墙壁的确切尺寸担心，因为我们确信以后墙壁和墙角会很合适地连接起来。

这就是我们所说的操作序列“培育”出建筑物的含义。我们可以自由地进行每一个操作过程。事先我们不需要进行复杂的考虑就可以开发出早期操作过程的产品。

这种操作过程不仅在应用上很实际——或者说完美，而且也是艺术和灵感的喷泉。这种朴实的建造过程具有创造性，允许人们自由地建造住宅。因为住宅制造的速度缓慢，是一步步建造起来的，就像一个生物有机体的成长过程一样——在成长的过程中没有被扭曲，所以得到的结果也是朴素和纯洁的。

准则 3：建筑操作和用于住宅设计的模式相一致。

当人们通过模式语言来设计住宅时，他们设计的住宅与我们当今所了解的大多数住宅不但在设计的整体布局上不同，而且在房间的特殊形状、顶棚的高度、小卧房和厚墙以及建造中最精细的部位——窗户、装潢和装饰等方面也存在着差异。

我们不能轻易地把在《建筑模式语言》一书中所详尽探讨的许多模式语言应用在我们当今的建造体制中。例如，当顶棚的高度发生了变化或者墙壁接缝的角度不对时，板墙框架的造价就会大幅度地增加。较薄的墙壁就不适于建造窗座、壁龛或较深的窗口侧墙。的确，几乎所有当今所使用的建造体制都在促进着建筑物的同一性、单调性和冷淡的流畅性——而许多模式的目标却更丰富、留下的痕迹更多、投射的影像也更加清晰。许多模式的非机械的"完美"和优雅的外表都在致力于和当地的环境相协调。

因此，同模式语言一致的建造过程必须允许住户在他们的住宅设计中运用那些简单而又廉价的建造模式。例如，建造体制必须允许不同房间的顶棚可以具有不同的高度——较大的房间的顶棚就高一些，而较小的房间的顶棚就低一些（顶棚高度变化多样）。它必须允许存在这个模式——**室内空间形状**，这个模式在确定房间角度时只要求大约是直角，而不是刚好90°。它必须允许凹室、窗户的位置和后墙都建在住宅最初的结构中。它必须允许存在这个模式——**遵循群居空间的结构**，这个模式要求建筑物的承重结构要和它的群居性空间相一致，因此，这就意味着一个模数化的网格式布局的结构可能是最不适宜的。它必须允许存在着**大敞口窗户**、**小窗格**和装饰物。它必须允许所有这些模式都能轻易地存在于建造体制中，不是把它们作为“额外”的内容，而是把它们当作建造过程的正常的一部分。

准则 4：每一个操作本身是完整的。当人们完成一个操作后，心理上会有一种“成就”感。

无论住户自己是否建造了住宅，我们都意欲建造那些由热爱和关怀形成的、内涵丰富的住宅——无论热爱和关怀是来自施工人员，还是来自住户，或者来自这两者，我们一般认为这些住宅不是通常意义上所说的工业品，而是人文产物。

我们已经发现这一点受到了操作过程的心理成就感的极大影响。

例如，让我们来对比一下在开始建造住宅基础时的两个过程——安放基础角石的过程和支护基础模板的过程。从字面上来讲两者都属于操作过程。但是，当人们安放基础角石的时候就会伴随有巨大的成就感，人们感觉到他们登上了一个舞台，住宅的建造又朝前迈了一步。当他们安放基础角石时，他们有一种完整的体验。相反地，给基础支护模板的体验相对来说就肤浅得多。当然，人们会支好模板。但是，当人们支好模板时，他们完成了什么呢？显然，他们完成了一些事情，然而并不是太多。支护基础模板的过程中几乎没有什么令人振奋的事情。

或者我们来对比一下另外两个操作过程：把墙壁和柱子作为一个完整的结构体同时竖立起来以及把它们作为两个不同的操作过程——“竖起柱子”和“把墙壁砌筑在柱子之间”。这两个过程都同样地实用。但是从第二个过程中而并非第一个就会涌现出一种精神上的愉悦感，一种认识上的满足，因为人们做了有区别的、可以感知的事情。这些事情对建造的韵律做出了贡献。

让我们尽可能去相信，当采用这样的方式——即在建造中，我们去构想、去解释、并分离出具体的操作过程——这样每一个操作过程都会给人以圆满、振奋、愉悦的感觉。

最后我们应该注意到具有最大程度的、完整的操作过程不但本身是圆满、完整的，而且也是由具有相同情感完整性的更小的操作（次操作过程）所组成的。

制做地板就是这样操作的。当然人们理解和完成这个操作过程本身是容易的，人们完成它时有一种个人的满足。但是在这个单一的操作过程中，还有一些次要的操作拥有同样的属性。在我们这个特别的例子中，制做地板的操作过程就包括下面的几个更小的操作：

1. 把优质的沙子倒进房基并达到适当的高度，在沙子里切割出地梁的位置。

2. 放入钢筋和钢丝网。

3. 灌筑地板，粗略整平，再将其抹平。

4. 把优质的由红色氧化物、水泥和沙子组成的混合物分散在仍然潮湿的地板上。

5. 两小时之后，用泥铲修平粗糙之处。

每个操作过程从其本身来讲在完成时都能给人提供一个满意的喷泉。每个操作过程本身都是一个可计量的单元，都是一种时间的单位，也都是建造过程中的一个元素。较大的操作过程的韵律很容易由较小的操作的韵律所组成。这些较小的操作是如此完整，以至于使人们感觉较大的操作过程也是完整的。

※

在下面的几页，我们将详述在墨西卡利的住宅制造中所使用的操作过程。就像我们所看到的那样，这些操作过程非常符合我们的四条准则，也非常符合一步步建造的原则。

但是，必须澄清的一点是我们无意认为这些“特定”的操作过程具有特殊的重要性。虽然它们很好地“体现”了一步步建造的原则，它们也符合刚才我们所讨论的准则,然而,其他符合这些准则的一步步建造的体制也会做的很好。的确,在其他情况下(其他的国家、气候等等),我们也绝对需要开发出其他类似的步骤。

墨西卡利的建造操作过程

1. 摆放标桩
2. 挖掘并压实土壤
3. 安放墙角砖
4. 建造墙基
5. 绑扎地板钢筋
6. 在地板下铺设管道
7. 灌筑地板
8. 竖起柱子
9. 在柱间砌墙
10. 安装门框
11. 搭建圈梁
12. 编制屋顶篮架
13. 搭建山墙
14. 安装电线线路
15. 铺第一层屋面
16. 铺顶层屋面
17. 安装窗框
18. 制作并安装窗户
19. 制作并安装门
20. 安装给水管道
21. 安装电
22. 粉刷墙壁、屋顶，油漆窗户和窗框
23. 用砖铺设人行道和拱廊地面

1. 摆放标桩

1）摆放柱形空心砖。在每个拐角和门的每一侧放置一块柱形空心砖。

2）堆放墙体空心砖。把墙体空心砖摆放在柱形空心砖之间，调整柱形空心砖的位置，以便使每一堵墙能够由整块或半块墙体空心砖的整数倍砌成。

3）放线并调整角度。调整空心砖直到每一堵墙能够由整块或半块墙体空心砖的整数倍砌成，并应尽可能少地变动设计。(每一个角不必刚好都是90°。)

4）摆放标桩。用18英寸的#3钢筋替代角部柱形空心砖，把标桩深击进地面以便挖土时不会影响到它们。

2. 挖掘并压实土壤

1）挖地槽。沿中心线挖 8 英寸深、顶部 12 英寸宽、底部 8 英寸宽的地槽来建造墙基。

2）挖土。用丁字镐松动地槽底部和地板中心处的土，再往下挖 8 英寸深；松动土壤，准备灌筑。

3）灌注石灰。灌注 5%的石灰浆。

4）等待五日。等待石灰浆和泥浆干燥。

5）压实。压实并重新恢复到原有的大致形状。

3. 安放墙角砖

1）选择水平面。选择一个完工的地面作水平面。

2）堆放优质沙。为了把空心砖放置到 # 1 水平面上，在每个柱子的位置堆放用作柱基的优质沙。

3）安放基础空心砖。在已经插入地面的每一个标桩上套上一个空心砖。

4）保证空心砖水平。安放空心砖时，用一条水平线来保证它和前面的空心砖对齐；然后用木工水平尺在每个方向核对每一块空心砖的高度是否一致。

5）核对水平面。

6）放置柱形空心砖。基础空心砖的高度一致后，在每一块空心砖的上面放置一块混凝土柱形空心砖。

7）插入钢筋。在每块柱形砖中插入 18 英寸 # 5 钢筋，并让钢筋至少露出每块砖的顶面 7 英寸高。

8）填实空心砖。用 1:9 的水泥浆填实空心砖。

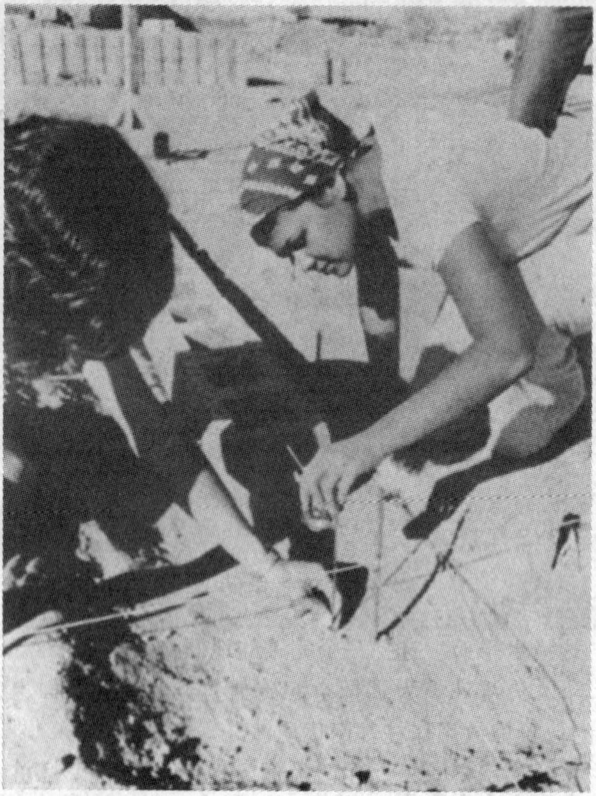

4. 建造墙基

1）摆放墙基砖。沿墙线摆放一排向里插入钢筋的空心砖。

2）垫平空心砖。用优质沙垫平墙基空心砖，使它们同墙角柱形空心砖保持在同一水平面。

3）安放红色墙体空心砖。安放红色的墙体空心砖，让它们和墙角柱形空心砖咬合连接起来。

4）插入钢筋。每隔一个空心砖插入一根#3钢筋。

5）填实空心砖。在空心砖的中心灌注1:9的水泥浆，一直填到最上层空心砖的一半高。

5. 绑扎地板钢筋

1）放线。在墙基砖上绑上线来标定一个水平面，这个水平面应比建好的地板顶面低2英寸。

2）填入优质沙。把优质沙填入由墙基砖围成的房基内，直到填得和放线标出的水平面一样高。

3）压实。压实沙子直到房基非常坚实。

4）切割地梁。用钢制泥铲在沙子上切割出地梁的位置。

5）切割分隔地梁。在任何长度超过8英尺的房基地面上切割出分隔地梁，来把地面分块。

6）放入钢筋。把根据地梁尺寸加工好的#3钢筋放入地梁内，并使钢筋比地板顶面低4~5英寸。

7）放入钢筋网。加工并安放钢筋网，把钢筋网绑扎在边缘的地梁钢筋上，并注意保护钢筋网的重叠部位。

6. 在地板下铺设管道

1）设计排水管线。通过布置上下管道、弯管和检修井的位置设计出水平和垂直的排水管线。

2）购买零部件。购买 ABS 工程塑料管和接头弯管。

3）装配零部件。

4）在安装管道的位置挖出管道沟。

5）安装管道。安装管道，用填沙来固定它们。

6）回填。在管道沟内回填沙子。

7）覆盖管道的顶部。用塑料纸覆盖管道的顶部，防止在地板硬化过程中水泥浆流入管道中。

7. 灌筑地板

1）安放搅拌机。

2）准备好独轮手推车。

3）弄湿沙子。灌筑每一块地板前，在沙子中注水，直到水覆盖沙子表面为止。这样做是要保证在灌筑混凝土时沙子是湿的。

4）灌筑混凝土。

5）刮平混凝土。以边缘处的墙基砖为基准，用瓦工用的2×4英尺的刮板刮平混凝土。

6）抹平混凝土。用铝制或木制的瓦刀抹平表面。

7）撒红色氧化物。用细孔筛向潮湿的地板表面上分撒由红色氧化物、水泥和沙子组成的混合物。

8）等待两个小时。

9）用泥铲抹光表面。用钢制泥铲抹平地板表面，使其非常光滑。

8. 竖起柱子

1）清理底部空心砖。

2）绑扎钢筋。

3）堆放空心砖。在每个柱子旁边堆放12块空心砖。

4）清理空心砖。

5）砌空心砖。检查每个柱子的垂直度和水平高度以及顶部每一层砖的高度是否一致。如果不理想，把砖块调整90°、180°或者270°，直到柱子符合标准。

6）湿润空心砖。

7）填实空心砖。砌起六块砖后，向空心砖所砌起的柱子内灌注1∶9的水泥浆。

8）砌空心砖。灌注水泥浆4小时之后，继续在柱子上砌砖。

9）湿润空心砖。

10）继续填水泥。在后砌的6块砖里灌注水泥浆。

9. 在柱间砌墙

1）用粉笔标出钢筋的位置。这样做是为了砌墙时知道往哪一个孔里插入钢筋。

2）切砖。在切割机上把砖切割成合适的尺寸，并用锉刀把切割好的砖锉光滑。

3）砌砖。反复摆放每一块砖直到互相咬合对齐。

4）安装窗户。建好窗基后，就可以决定窗户的开启方向和窗台的高度。

5）插入钢筋。在用粉笔标出的位置插入钢筋。（参见 17 条）

6）在插入钢筋的砖块内部填入混合物。湿润内部孔洞，在里面填入 1:9 的混合物，并压实。

10. 安装门框

1）计算尺寸。

2）加工门框；加工过梁。

3）过梁开槽。在过梁上开槽以对齐垂直的门框。

4）安装木砖（圆柱状的木块）。把门框安放到正确的位置，钉牢过梁。

5）为方头木螺钉钻孔。在门框上用 3/8 英寸的钻头和 1 英寸的锥口钻钻孔。

6）安装方头木螺钉。把门挺和方头木螺钉安装在门框上，并保持门框垂直。

11. 搭建圈梁

1）清点梁的长度。

2）加工 2×6's 的梁。

3）在加工好的 2×6's 的梁顶钉上 1×2's 的小梁。

4）把梁放在墙上。

5）把梁的两端连接起来形成圈梁。

6）把由圈梁组成的 U 形梁架固定到每个房间的墙顶。

7）封闭梁架下端。在墙上用 1×4's 的木板，在窗户上用 1×10's 的木板，封闭梁架下端并清理。

12. 编制屋顶篮架

1）安装 1×2's 小梁。沿圈梁安装 1×2's 小梁，距梁内侧 2 英寸，构成篮架的龙骨。用铁丝把它们固定在 U 形梁架上。

2）标出篮架位置。在大板上作出约18英寸等间距铅笔记号。

3）浸湿板条。用水浸湿板条，直到它们变得非常柔软，容易弯曲为止。

4）编制篮架。把板条用上下交错的方式编成菱形格子状的篮架。

5）钉牢交点。从上面把板条的每一个交点钉起来，用另外一个锤子在下面做砧板，以便钉得更牢。从篮架的中心朝圈梁的方向钉。

6）安装加固材料。在每个圈梁上安装 # 3 钢筋。

7）安装梁顶支撑。从 2×6's 的梁顶安装支撑篮架的立杆，以便使所有用于编制篮架的板条能够被牢固地固定起来。

13. 搭建山墙

1）砌空心砖。把空心砖砌在最外侧圈梁上以搭建山墙，并应封闭屋顶篮架留下的断面。切割砖块，使砖的尺寸小于篮架断面的曲率。

2）填充角落。用干硬性混凝土/砂浆填充空心砖的角落，直到形成正确的曲线。

3）留排气孔。在山墙上留下用来通风的排气孔，排气孔应留在尽可能高的地方。

4）安放钢筋。在每个砖洞中安放同山墙一样高的附加钢筋。

5）填实砖洞。

14. 安装电线线路

1）设计线路。每座住宅至少应当在4个地方有线路：厨房、冰箱、起居室和卧室。

2）连接分线盒。把分线盒接在屋顶篮架上面的竖直线管的顶部。

3）安装分线盒。将线管弯曲，把分线盒装在篮架的底部，开口朝里。将一块扁平的木块固定在篮架内侧，把分线盒用铁丝绑在木块上以便在以后建屋顶的过程中分线盒不会松动。

4）连接顶棚线盒。把顶棚上的线盒和分线盒通过开关连接起来。

5）安装进户总接线盒。

6）在篮架上面安装线路。用1/2英寸的电线把分线盒和进户总接线盒连接起来。

15. 铺第一层屋面

1）分割粗麻布。按篮架菱形格子的大小来分割粗麻布。

2）钉粗麻布。把粗麻布钉在格子板条上。

3）分割并钉细铁丝网。和粗麻布一样，分割细铁丝网并将它们钉在格子板条上，要确保把细铁丝网向下覆盖到梁的位置。

4）搅拌混凝土。开始拌和一种超轻质的混凝土，其中 4 成是珍珠岩。

5）用泥铲涂抹混凝土。按从顶部向两侧的顺序，在屋顶的粗麻布和细铁丝网上用泥铲涂抹大约 3/4 英寸厚的一层混凝土。

6）支撑任何需要的地方。如果屋顶的任何部位被压陷，就在压陷的部位用木板和 2 × 4's 的小梁来支撑。

7）养护混凝土。每日三次湿润混凝土，这样至少养护三日。

16. 铺顶层屋面

1）钉檐板。在梁顶部外侧钉 1×4’s 的木板来制做檐板。

2）钉滴水槽的模板。在檐板的外面钉第二块木板来为重叠的屋顶制做滴水槽的模板。

3）放入钢筋。朝向梁的外侧插入 # 5 钢筋。

4）弯曲竖直钢筋。弯曲墙上的竖直钢筋，把它们和梁里的钢筋搭接起来。

5）放线。通过放线来保证屋顶线的笔直和水平。

6）搅拌混凝土。拌合一种轻质的混凝土：三份沙、六份浮石和一份水泥。

7）抹混凝土。在屋顶上再涂抹一层 1½英寸厚的混凝土。

8）将屋顶抹平。

17. 安装窗框

1）检查采光。在每一个房间里检查自然采光。

2）扩大窗洞。在任何需要的地方，可以通过扒开砖块来扩大窗洞。

3）测量窗洞尺寸。

4）订购材料。

5）加工窗框零部件。

6）加工并刨平窗台。

7）装配窗框。把窗框钉在一起，用对角斜撑确保窗框能被制做成完美的方形。

8）垫砖块和楔形物。在圈梁下面垫上砖块。

9）安装窗框。保证窗框侧面垂直，把窗框固定在窗洞上。

18. 制作并安装窗户

1）选择窗户的样式。选择并决定每个窗户的样式：横档和竖梃的数目，窗格玻璃的大小。

2）测量窗户并计算窗户零部件。用坐标纸计算出制做窗户所需零部件的尺寸。

3）加工窗户零部件。在木工台床上加工出3/8、1⅛、1½英寸等各种尺寸的窗户零部件。

4）装配窗户边框。用胶和钉子把窗户的顶部、底部和两边分别装好。

5）粘胶并锚夹。用C形夹钳夹住窗户的四个边框并用胶粘好，要特别注意保持四个角是直角。

6）嵌入窗棂和玻璃。

7）用钉钉牢。钉上钉子，抹腻子，并作喷砂处理。

8）刨平窗边。刨平窗边并把窗户安装在窗框上。

9）安装窗户。安装合页，凿孔，并用螺丝钉固定。

19. 制作并安装门

1）选择门的样式。选择并决定门的样式：亮子的大小，门梃和门槛的位置。

2）测量和加工。选用1×6's的木板来制做门梃、横档和门槛。

3）装配。通过用胶粘、夹紧的方式把这些主要部件装配在一起。

4）为嵌入物安放压条。制做1×1's的压条。

5）加工并嵌入胶合板。

6）加工并嵌入玻璃。

7）固定合页。在距门上下两侧12英寸处做出记号，把合页固定在门边。

8）安装门锁。凿洞，安装门锁，安装门把手。

9）安装门。在门框上作出标记，装好合页，安装门吸。

20. 安装给水管道

1）计算管道。计算出所需管道的最小长度和在门厅与门道中所占用的最小面积。热水管用3/4英寸的镀锌钢管，冷水管用3/4英寸的PVC管。

2）铺设管道。在房间周围铺设管道，用螺丝钉和扁钢把管道固定在混凝土墙砖上。

3）在固定的位置安装管阀。

4）把管道连接到主供水系统上。

21. 安 装 电

1）用#12绝缘铜线。

2）把铜线分割成一定的长度。在末端留出6英寸以便连接分线盒。

3）拉铜线。用线管里的铁丝把铜线拉过线管。

4）在分线盒里接好线头。

5）安装设备。把开关、插座和灯光设备连接并固定下来。

22. 粉刷墙壁、屋顶，油漆窗户和窗框

1）准备墙壁。用熟石灰膏把墙壁上的裂洞补满，修复断开的砖块，把表面抹平。只修补大的和不雅观的裂缝，而不要去管那些纹理上的小裂纹。

2）色彩调试。通过全面地实验来决定墙壁、檐板和窗框上涂料的颜色。在废料上做精细的色彩调试直到调出令人满意的、美丽的色彩为止。

3）外粉刷。我们用一种含绿色的白颜料来粉刷外墙，以中和明亮眩目之光，并和蓝色、绿色的檐板的颜色保持一致。

4）内粉刷。在内墙上粉刷白色的乳胶漆。

5）粉刷檐板。我们用深蓝色和掺有金黄的绿色来粉刷檐板线。

6）油漆窗户和窗框。

23. 用砖铺设人行道和拱廊地面

1）设计边缘。在所有要铺砖的地方标出确切的边缘。

2）设定地面高度。用标桩来定出比室内地板低几英寸的地面高度。

3）挖掘。挖土，挖得比所设定的高度再低四英寸。

4）填入沙子做砖基。填入两英寸厚的沙子，把沙子弄湿、压实并铺平。

5）铺砖。把砖放在沙子上面，按照人字形或者错开的正方形的规则图形排列。

6）填缝。在砖缝中填入沙子，把沙子弄湿后让沙子沉入砖缝中，再填入沙子并让沙子下沉，这样反复多次直到把砖铺的人行道铺密、铺实。

我们以讨论建筑施工许可证的问题来结束本章。一般情况下，如果一个建筑物要想得到施工许可证，就需要有一整套具有详尽细节的建筑施工图纸。

在我们所描述的建造程序中，这种建筑施工许可证的手续显然是不切实际的，是弄巧成拙的。每一座住宅是如此不同，所以给每一座住宅都设计出建筑施工图将会极大地增加住宅的成本。而且，也许更为严酷的是，由于需要设计出施工图纸，所以制图员就会倾向于在制图时不可避免地在图纸上做出各种各样有害的变动——把曲线拉直、把奇思妙想之处变得平常、在各种“模式”中注入自己的思想——所有这一切仅仅是因为制图员感觉他们得在建筑物里注入一些自己的“东西”。所有这些“东西”只会让建筑物和设计建筑物的住户的原有意图相距甚远。这些“东西”没有什么用途，而仅仅会把建筑物的设计搞得更糟。

但是，为了保护需要住房的人们不会住进劣质、危险的住宅，大部分城市和地方政府都坚持拥有发放建筑施工许可证的权利。当然，只有在知道每个建筑都符合某些建筑安全的合理标准之后，一个社区的人们才会感觉到安全，这种感觉是合情合理的。

为了满足当地建筑施工许可证的要求——不过，是以一种避免采用制做昂贵、有害的建筑施工图纸的方式来满足这一要求——我们相信政府建设质量检查部门有能力去讨论一套建造程序（即我们所描述过的一整套建筑操作过程）的可行性，因而去制定出一套最基本的准则，并自动地根据这些准则对按照这个建造程序进行施工的每一座建筑物发放施工许可证。

这正是我们在墨西卡利所作的。我们向公共工程局递交了一份建筑操作过程的说明书，公共工程局的总工提出了在加固钢筋的间距和位置方面的几条小的修改意见。一等到我们做出这些修改，他就批准了我们的建造程序。

从那个时刻起，这些“特殊”的建筑物就不再需要有施工许可证了。设计需要符合下面这些重要条件：(a) 在操作过程中，上面带有交叉部分的梁的跨度不得超过6英尺；(b) 拱顶的跨度不得超过 15 英尺。但是，除了符合这些条件之外，对于个人的住宅或住宅设计，就不再需要有特定的施工许可证。永远不需要花费绘制施工图的钱，也不需要冒险通过绘制施工图来扭曲住户们的设计。

最初的基础体系

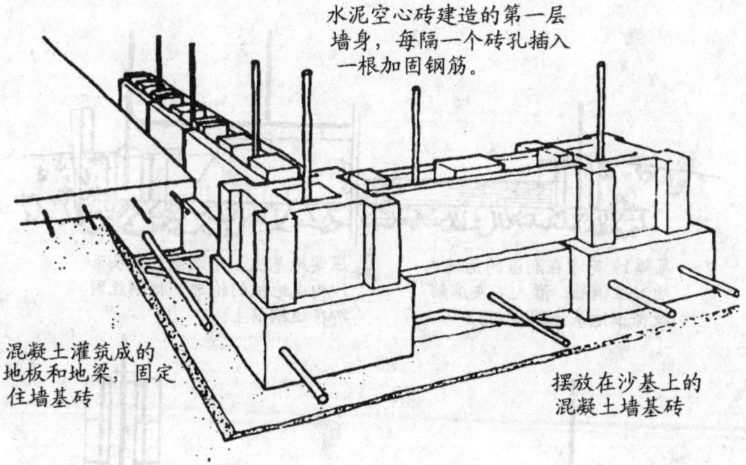

因此，在建造过程中，当每一栋建筑物第一次被设计出来后，几天之内，我们就开工了。

并且，我们在建造过程中没有绘制过任何图表或者图纸，甚至对我们自己的用房，我们也没有绘制过。因为每一座建筑物直到被实际建成之后才知道具体的建筑细节，所以绘制出图纸是不可能的。并且，绘制设计图纸和获取施工许可证所浪费的时间肯定会把建造过程置于死地。

作为成功的一个前提条件，我们有必要认识到这个建造程序需要得到当地政府的同意，不过施工许可证不是专门发放给设计的，而是发放给建造操作过程的。

施工基础的程序

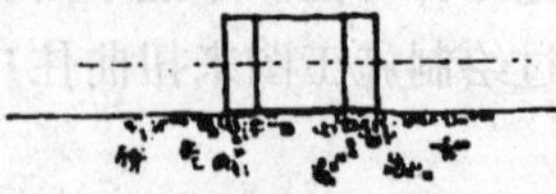

挖开表层土，安放用水湿润过的角部空心砖。

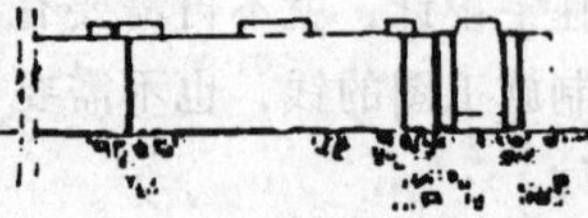

按砖的模数调整并安放墙体空心砖。

每隔19英寸在潮湿的角砖内插入短钢筋，灌入石灰溶解液保证地基土的稳定。

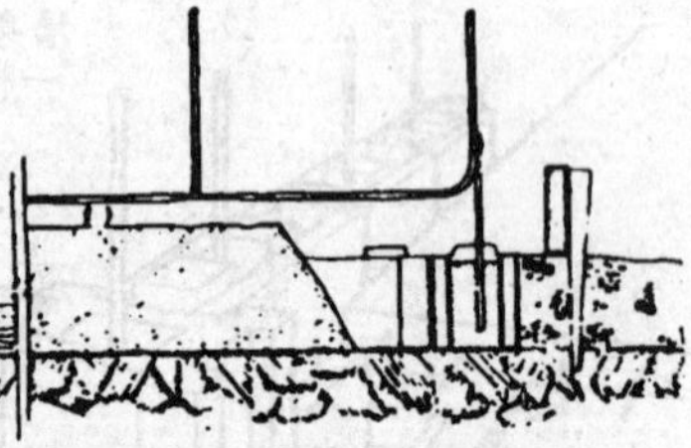

压实地基上，用潮湿的木头和沙构成地板的轮廓。把钢丝网绑在短钢筋上。

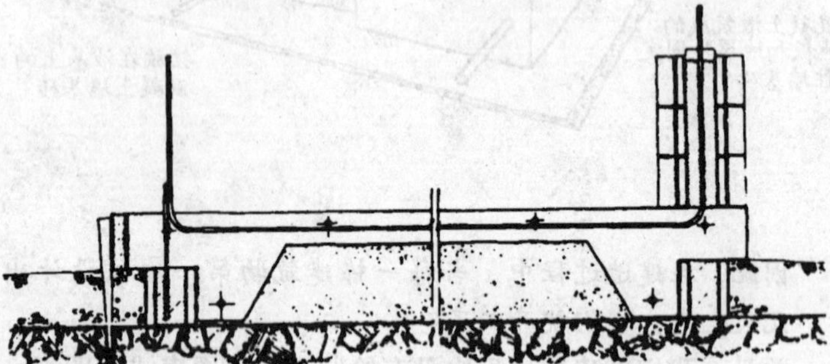

灌筑混凝土地板

建造柱子和墙

组合砖块的基本体系

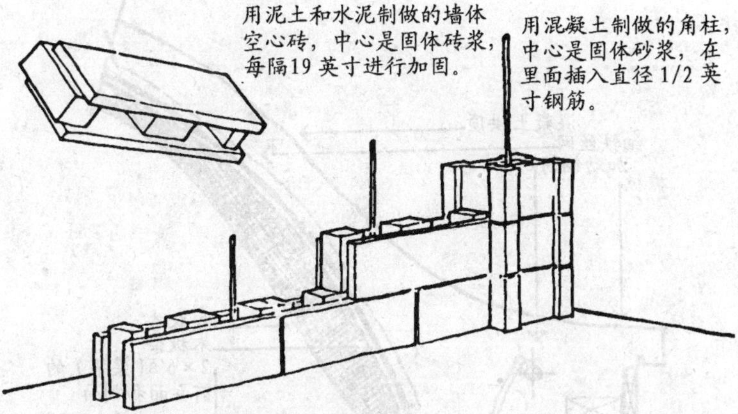
用泥土和水泥制做的墙体空心砖，中心是固体砖浆，每隔19 英寸进行加固。
用混凝土制做的角柱，中心是固体砂浆，在里面插入直径 1/2 英寸钢筋。

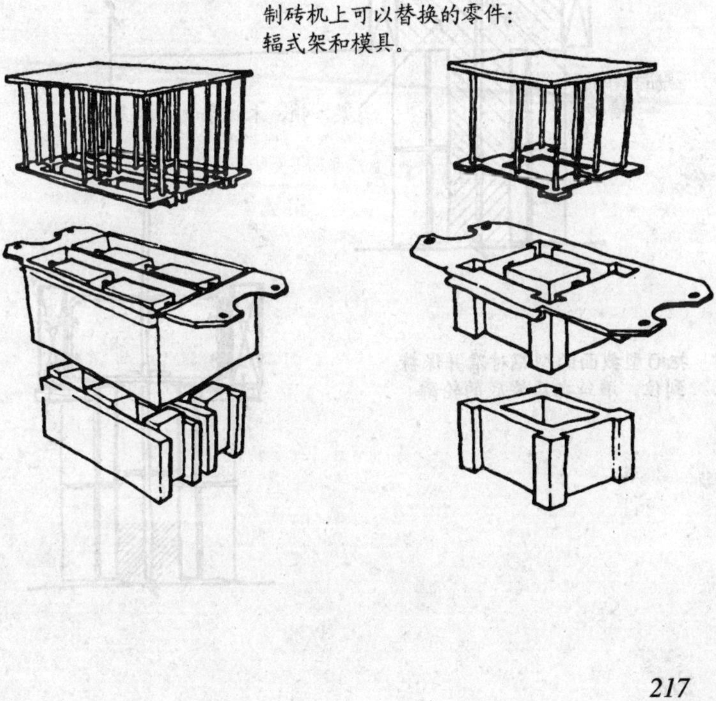
制砖机上可以替换的零件：辐式架和模具。

圈梁

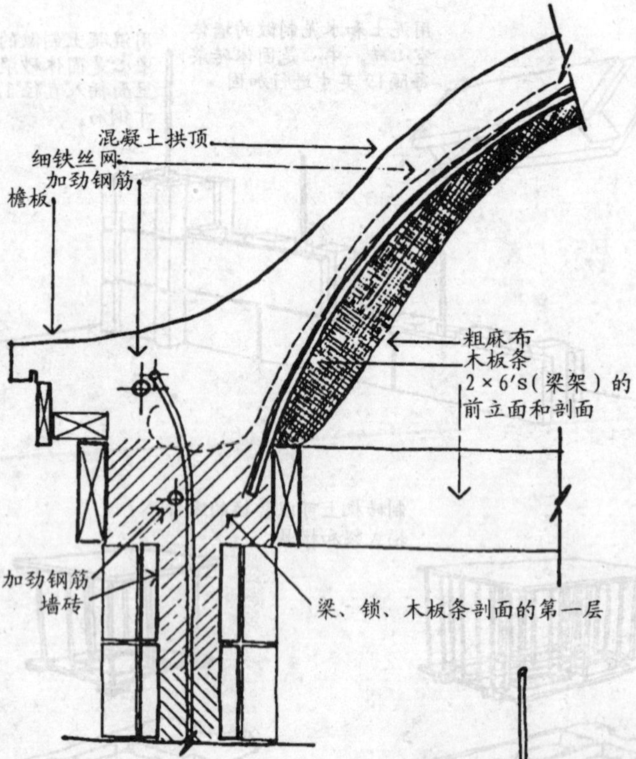

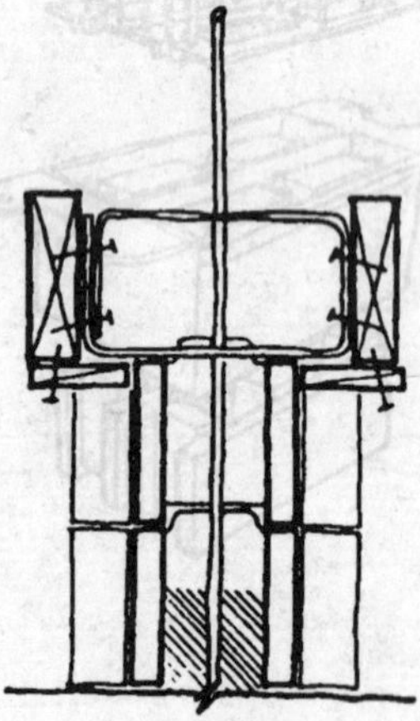

把0型截面的型钢对准并保持到位。灌筑之后梁底的轮廓

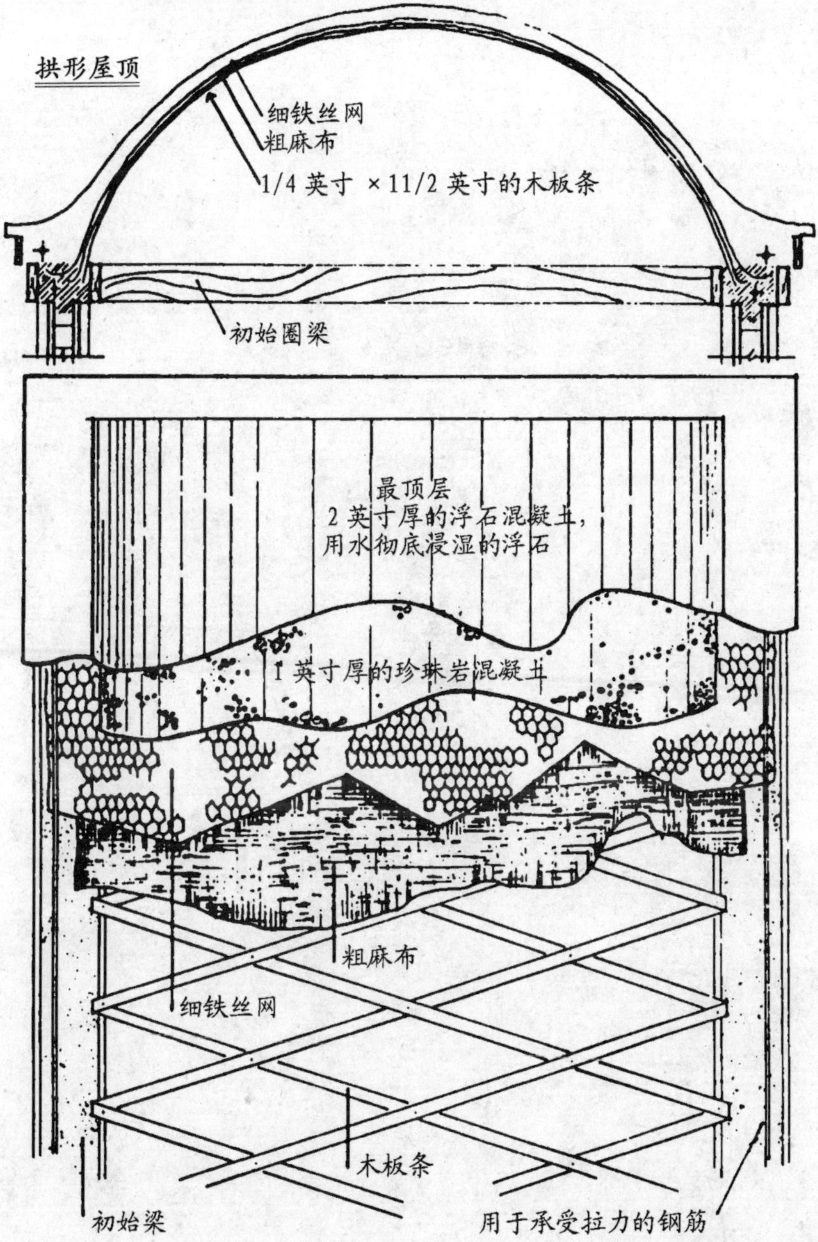
拱形屋顶
细铁丝网
粗麻布
1/4 英寸 ×11/2 英寸的木板条
初始圈梁
最顶层
2 英寸厚的浮石混凝土，
用水彻底浸湿的浮石
1 英寸厚的珍珠岩混凝土
粗麻布
细铁丝网
木板条
初始梁
用于承受拉力的钢筋

第六章

成本控制

成本控制的原则

考虑到每一栋住宅实际上都不相同，考虑到在建造开始前并没有进行精确的建筑设计，考虑到建筑物在建造过程中得到的发展和变化，我们提出了一种新的成本控制体制。尽管在建造过程中，建筑物得到了发展、发生了变化、进行了修改，这个体制仍然能够适应这个内涵丰富得多的建造过程，并且能够把成本控制在某个限定的界限之内。

我们可以这样实现这种成本控制体制，主要是通过确保建材与人工的费用是通过和构成建造过程的操作体制相并行的方式来进行支付的，是通过和这个一次进行一步的操作程序构成的关联进行控制的。

我们的经验告诉我们：当采用了这种成本控制体制后，我们就有可能把建筑物的单方造价控制在一个较低的价格上，这个价格低于类似住宅的通常造价。

※

读者也许会惊讶地发现我们把成本控制作为这一章的标题，把它和前面几章所阐明的那些原则相提并论。但是，我们有必要认识到在当今的社会中、在当今的房地产开发和城市的牢笼中，大批量同一的住宅、一个又一个单调重复的方盒子都是由成本问题引起的。成本问题主要就是成本的控制问题。

很明显，成本是一个基本的问题。如果不对建筑物的成本花费巨大的精力，我们是没有办法建造任何一座建筑物的。在住宅制造领域，通常要绝对地把成本控制在最低线以下，这是十分必要的。

成本的绝大部分是通过标准化来削减的。但是在一排房子里把每间房都建得一模一样，这并不能削减成本，因为这只是减少了建材的消耗。然而，如果所有的住宅都不相同，所用建材的数量还会和原来一样多。而且通过减少人工我们也不能真正地削减成本，因为如果操作过程非常顺利的话，人工的成本将只取决于操作的总量，而不取决于它们的具体配置（请参见下面的讨论）。

实际上，如果“低成本”的住宅和公寓建得都不一样的话，“管理上”的成本就会增加很多，所以人们通常把它们建造得完全相同。坦率地说，如果住宅制造得都不一样，这会令管理者感到头疼。

管理成本有三部分内容：设计成本、施工许可证成本和现场管理的成本。

到现在，我们在第四章已经说明了我们的设计成本并不比通常的设计成本高。因为我们的“设计”不需要一整套建筑规划，而只是需要住户们在地面上放置一些标桩，所以这部分管理成本并不高。

并且，我们在第五章叙述的得到许可证的成本也不比平常高。因为许可证是颁发给建造程序的，而不是颁发给任何特别设计的。所以，住宅建得完全不同并不需要增加施工许可证的成本。

但是，我们最后还会有建筑合同和成本控制的管理问题。人们很容易建造廉价的一模一样的住宅和一模一样的公寓，因为它们都很类似，人们容易看到住宅的成本，因此成本控制问题就容易被掌握。如果每一栋住宅都不相同，成本控制的问题——按照常用的成本控制标准——将会是管理上的恶梦。仅这一问题就会让人们几乎难以负担起住宅制造的费用。

在本书中所描述的我们能以一个合理的价格来建造住宅的惟一原因是因为我们采用了一种成本控制的体制来管理建造过程。这种成本控制体制是如此的灵活、如此的简单、如此的容易适用于解决各种各样的问题，以至于像对付建造相同的住宅一样，它可以妥善处理建造不同住宅所带来的问题。

这种成本控制体制的秘诀在于这个体制和上一章所讲述的操作体制是完全相匹配的。它建立在这些操作的基础上；它遵循这些操作；它只有依据这些操作才会有意义。并且当操作体制本身被用来组织现场施工时，对组织操作的任务来说，成本控制问题就变成了一个简单的、自然的、次要的附属品。这样，整个成本控制体制的支柱就建立在上一章我们所详述过的操作过程和费用核算的紧密联系上。

简而言之，操作和费用之间具有下面这种联系：

首先，每个操作能用某种特殊的度量单位体系进行“计量”。例如，我们测量（或者“计量”）基础的单位是 m^1（延长米），因为基础具有长度计量单位。地板是用 m^2 来计量的（面积），窗户也是用 m^2 来计量的（面积），而门是用型号（#）来计量的。偶而有一些计量会令人吃惊。例如，墙壁是用 m^1（长度），而不是用面积来计量的，因为在这个建造过程中所有的墙壁都一样高，并且如果忽略窗户的开洞，我们计量长度比计量墙壁的准确面积更方便。

第二，通过对住宅的粗略统计分析，我们能够知道在住宅的每个平方的面积中每个操作会占多大的含量。比如，一般来说我们知道，在每一座这样的住宅中，每平方地面有 0.97m 长的墙。当然，这个数字是随着住宅的不同而不同的。例如，一座周长很长的住宅实际上可能每平方米就有 1.13m 的墙；一座紧凑的住宅每平方米可能只有 0.84m 的墙。然而，在研究过大量典型设计之后，这些典型设计是通过采用模式语言以及在建造时初步确定的面积（$60 \sim 70m^2$）设计建造出来的，我们能够对每一个操作步骤确定出一个标准数字。这意味着我们能够确定住宅制造所需要的每一个操作步骤的数量，而仅仅相当于测量了住宅的面积。

第三，我们能对每一个单位操作所需建材的数量进行分析，并把建材的数量换算成金钱。这就意味着我们能够准确地知道在每一个操作过程中，每一个单位操作需要耗费多少材料。

第四，我们也能对每一个操作所需要的劳动力——无论是有技术的还是没有技术的——的数量进行分析，我们能够用每一个单位操作的工时数来表示操作中所需要的劳动力数量。这就意味着我们能够准确地知道在每一个操作过程中，每一个单位操作需要耗费多少劳动力。

由于这些数字就像住宅的面积一样非常可靠，所以我们能够对每一栋住宅的价格进行详细的估算。那么这个估算对我们来说就像承包商把它作为投标价一样是非常可靠的。这就意味着从住户设计他们住宅的那一刻起，就像我们提出住宅的面积一样，我们能对住宅的造价作出一个直接的报价。

因此，尽管我们在墨西卡利所建造的住宅都不相同，但在住户设计好住宅时，我们能向银行提供详细的估价。这个估价包括工具的价格（给住户们的）、建材和劳动力的价格，甚至包括改进公共用地的花费。简言之，这个估价包括了一切内容。

银行直接按照这个估价向住户提供所需的贷款，几天之内，银行就划拨过来我们所需要的建设资金。

认识到这个程序的顺利和可靠是非常重要的。在正常的情况下，银行将索取每一栋住宅的详细报价，承包商一般会对每一座住宅进行一次独立的估算，因为每一座住宅都有自己的结构——所有这些都把事情变得错综复杂。这种复杂性会挫伤我们建造式样变化多端的住宅的积极性。但是，就我们的操作而言，我们能够在几天之内跨越这个初始阶段，而没有一丁点儿的延误。

为了更充分地理解这个程序，现在我们提供下面这个表格。在这个表格里我们列出了住宅面积、操作过程和费用之间的关系。

每一个操作过程在表格中占一行。在第一列中我们给出了用来计量这个操作过程的单位（延长米，平方米和型号等）。在第二列中，我们给出了每个操作过程的单位价格（用比索表示）。在第三列中，我们给出了每一个操作过程在每平方米住宅中折合的总量。这个数字是通过统计得到的，统计的方法在本章的前一部分已经做了解释。在第四列中，我们列出了住宅每平方米操作的造价（这是根据第二列和第三列所共同得出的）。最后，在第五列中，我们给出了每一个操作过程的费用占住宅总造价的百分比。

既然这个表格给我们提供了每个操作过程的单方造价，那么现在我们就可以通过简单地把住宅的总面积与单方造价相乘来估算出住宅的总造价。

我们应该理解的是虽然这个价格分析得相当精确，但它毕竟还只是一个近似数。例如，当一座住宅不同寻常地又长又窄时，它每平方米的周长就比通常住宅的周长要长。在这种情况下，墙体的总长就比我们在表格上规定的长度要长。

然而，我们能够采用下面这些在建造过程的现场中所使用的

表 1：建筑操作（材料）

	单位	单位价格（比索）	每平方米住宅折合的每个操作的最大数量	每平方米住宅的造价	占总造价的百分比%
设计和工具	1	2 800/住宅		37.3	6
土方开挖	m^2	$8.3m^2$	1.00	8.3	1
墙角砖	#	26.6/个	0.53	14.1	2
墙 基	m^1	19.2/m	1.05	20.2	3
绑扎地板钢筋	m^2	$9/m^2$	0.77	6.9	1
地板下铺设管道	1	600		8	1
地 板	m^2	$18/m^2$	0.77	13.9	2
柱 子	#	41/个	0.53	21.7	4
墙 体	m^1	93/m	0.97	90.2	15
门 框	#	120/个	0.08	9.6	2
圈 梁	m^1	30/m	1.10	33.0	6
屋顶篮架	m^2	$38/m^2$	1.00	38.0	7
山 墙	#	112/个	0.08	9.0	2
电线线路	房间	110/房间	0.10	11.0	2
第一层屋面	m^2	$66/m^2$	1.00	66.0	11
顶层屋面	m^2	$44/m^2$	1.00	44.0	8
窗 框	m^2	$121/m^2$	0.18	21.8	4
窗	m^2	$148/m^2$	0.18	26.6	5
门	#	250/个	0.08	20.0	3
给水管道	1	3 300		44	8
电力装置	房间	85/房间	0.10	8.5	2
油漆与粉刷	m^2	$10/m^2$	1.94	19.4	3
铺 路	m^2	$20/m^2$	0.30	6	1
公共用地	1	500/房屋		6.7	1
总计（比索）				584.2	

程序来解决这一问题。

第一个住宅团组中的住宅都是同时被建造的，这就意味着在所有的住宅中，同时进行着同样的操作过程。

当我们要进行下一个指定的程序时，设计建造师通过对每一个住宅进行调查来决定在那个程序中所需要的操作的总数量。因此，对于 # 5 操作过程，我们数出住宅所有柱子的总数；对于 # 17操作过程，我们测量出墙体的总长；对于 # 21 操作过程，我们测量出住宅将要安装窗户的总面积。

在每种情况下，我们把实际所用的操作过程的数量和我们在理论上列在表格上的假设数量进行对比。每当实际的数量比表格上的少时，多出来的建材就在进行下一个操作过程时发给住户。如果实际数量比表格上假设的数量大时，住户就要支付额外消耗的建材的附加费用。采用这种方式，当消耗建材的数量超过平均值后，住户就要对这些具有不同寻常结构的住宅支付额外的款项。我们和银行达成的协议是：住户用现金支付额外的费用；而在工程开始时所大致定下的贷款将会稍微有所增加，因为它将包括住户在建造过程中消耗的任何额外的费用。

表 2A ~ 2E 显示了第一个住宅团组中每一座住宅的 24 个操作过程的建材消耗情况。在第一列中，我们可以看到住宅所应包含操作的数量（用比索表示），我们只是通过把整座住宅中每平方米的操作过程的价格乘以住宅的面积就可以得到这个数字（表 1 的第四栏）。在第三列，我们可以看到建造住宅的实际操作所消耗的费用。

因为这样的计量体制和单独的操作过程的费用以及进展程度密切地联系在一起，所以这个体制就意味着人们不可能浪费建材。每一家住户所得到的建材恰恰正是他们建造住宅所需要建材的数量。我们要求每个家庭亲自去建造住宅，每个家庭有责任监督建材的使用，直到所有的建材被用到住宅建设当中。

从原则上讲，在这些操作过程中，劳动力的使用也完全可以

表 2A：罗德里格斯的住宅：75.2m²（建材成本）

	估算的成本（比索）	+ 额外的成本	实际成本
设计和工具	2 800		1 048
土方开挖	624		277
墙角砖	1 060		910
墙　基	1 519	+ 208	1 356
绑扎地板钢筋	519		724
地板下铺设管道	602		843
地　板	1 045	+ 417	1 458
柱　子	1 632	+ 41	1 141
墙　体	6 783		6 416
门　框	722	+ 38	808
圈　梁	2 482		3 494
屋顶篮架	2 858		2 719
山　墙	677		907
电线线路	832	+ 60	891
第一层屋面	4 963		3 610
顶层屋面	3 309		2 403
窗　框	1 639		1 813
窗	2 000	+ 322	2 267
门	1 504		1 360
给水管道	3 309	+ 100	3 760
电力装置	639		1 560
油漆与粉刷	1 459		990
铺　路	451		305
公共用地	504		1 380
总　计	43 932	+ 1 186	42 440

表 2B：科西欧的住宅：84.6m²（建材成本）

	估算的成本（比索）	+ 额外的成本	实际成本
设计和工具	2 800	+ 24	1 184
土方开挖	702		313
墙角砖	1 193		1 029
墙　基	1 709	+ 147	1 474
绑扎地板钢筋	584		851
地板下铺设管道	677		986
地　板	1 176	+ 209	1 714
柱　子	1 836		1 290
墙　体	7 631	+ 66	7 250
门　框	812	+ 77	921
圈　梁	2 792	+ 185	3 948
屋顶篮架	3 215		3 061
山　墙	761		1 028
电线线路	931		1 042
第一层屋面	5 584	+ 326	4 061
顶层屋面	3 722		2 703
窗　框	1 844		2 057
窗	2 250		2 571
门	1 692		1 543
给水管道	3 722	+ 38	4 230
电力装置	719		1 356
油漆与粉刷	1 641		1 129
铺　路	508		349
公共用地	500		1 380
总　计	49 001	+ 1 072	47 479

表 2C：迪朗的住宅：65.5m²（建材成本）

	估算的成本（比索）	+ 额外的成本	实际成本
设计和工具	2 800		890
土方开挖	543		235
墙角砖	923		775
墙　基	1 323		1 108
绑扎地板钢筋	452		616
地板下铺设管道	524	+ 204	816
地　板	911	+ 111	1 235
柱　子	1 421	+ 41	970
墙　体	5 908		5 453
门　框	629	+ 43	677
圈　梁	2 162	+ 171	2 970
屋顶篮架	2 489		1 413
山　墙	589		766
电线线路	720	+ 50	680
第一层屋面	4 323		3 144
顶层屋面	2 882		1 797
窗　框	1 427		1 533
窗	1 742		1 916
门	1 310		1 150
给水管道	3 300		3 275
电力装置	557	+ 42	975
油漆与粉刷	1 271		927
铺　路	393		287
公共用地	500		1 380
总　计	39 099	+ 662	34 988

表 2D：雷耶的住宅：76.0m² （建材成本）

	估算的成本（比索）	+额外的成本	实际成本
设计和工具	2 800		1 063
土方开挖	631		281
墙角砖	1 072	+41	925
墙　基	1 535		1 327
绑扎地板钢筋	524		767
地板下铺设管道	600		878
地　板	1 056	+79	1 545
柱　子	1 649		1 158
墙　体	6 855		6 512
门　框	730	+86	622
圈　梁	2 508		3 546
屋顶篮架	2 888		1 609
山　墙	684		918
电线线路	836	+58	875
第一层屋面	5 016		3 648
顶层屋面	3 344		2 428
窗　框	1 657		1 837
窗	2 022		2 296
门	1 520	+250	1 377
给水管道	3 344		3 800
电力装置	646	+75	1 365
油漆与粉刷	1 474	+450	1 001
铺　路	456		341
公共用地	509		1 380
总　计	44 356	+1 039	41 499

采用这种方式进行计量。表3按照操作过程的顺序统计出了建造住宅所需劳动力的价格。在第一列中，我们可以看到操作的单位。在第二列中，我们给出了操作过程单位劳动的价格。这个价格是在技术性和非技术性劳动力合并的基础上用比索进行计算的。

表 2E：塔皮亚的住宅：73.7m² (建材成本)

	估算的成本（比索）	+ 额外的成本	实际成本
设计和工具	2 800		1 027
土方开挖	618		271
墙角砖	1 039		892
墙 基	1 489	+ 92	1 279
绑扎地板钢筋	505		734
地板下铺设管道	590	+ 14	857
地 板	1 024		1 488
柱 子	1 599		1 118
墙 体	6 648	+ 103	6 287
门 框	708		649
圈 梁	2 432	+ 292	3 424
屋顶篮架	2 801		1 587
山 墙	663		862
电线线路	811		775
第一层屋面	4 864		3 538
顶层屋面	3 243		2 022
窗 框	1 607		1 725
窗	1 960		2 155
门	1 474	+ 250	1 293
给水管道	3 243		3 685
电力装置	626	+ 42	1 365
油漆与粉刷	1 430		1 032
铺 路	442		326
公共用地	494		1 380
总 计	43 110	+ 793	39 771

像本章中所有其他的价格一样，它们都是 1976 年的比索，按照当时的工资水平：非技术性工作每小时 20 比索，技术性工作每小时 35 比索。在第三列中，我们显示了每平方米住宅折算出的数量（这个数字来自表 1）。

在第四列中，我们给出了每平方米住宅中每个操作过程的综

表 3：建筑操作（劳动力）

单位		单位价格（比索）	每平方米房屋折合的数量	每平方米房屋的劳动力价格
设计和工具	1	—		
土方开挖	m^2	24.4	100	24.4
墙角砖	#	36.8	0.53	19.5
墙 基	m^1	14.0	1.05	14.7
绑扎地板钢筋	m^2	38.1	0.77	29.34
地板下铺设管道	1	640		
地 板	m^2	38.1	0.77	29.34
柱 子	#	37.0	0.53	19.61
墙 体	m^1	41.5	0.97	40.26
门 框	#	122.5	0.08	7.8
圈 梁	m^1	33.3	1.10	36.63
屋顶篮架	m^2	36.6	1.00	36.6
山 墙	#	305.0	0.08	24.4
电线线路	房间	147	0.10	14.7
第一层屋面	m^2	24.4	1.00	24.4
顶层屋面	m^2	24.4	1.00	24.4
窗 框	m^2	101.7	0.18	18.31
窗	m^2	254.4	0.18	45.79
门	#	191.3	0.08	15.30
给水管道	1	1 800		
电力装置	房间	214	0.10	21.4
油漆与粉刷	m^2	12.6	1.94	24.4
铺 路	m^2	30.7	0.30	9.21
公共用地	1	1 000/住宅		

合价格，这也是用比索计算的。像表 1 里的数字一样，这些都是一些用来评估的典型的数字。就像我们将在下面看到的那样，这些数字是非常可靠和精确的，能够对不同的住宅建立一个非常好

的成本控制体制。

在我们所讲述的实际操作中，我们没有采用这种计算劳动力的方法，因为这些劳动完全是由住户们自己进行的。住户们和从大学来的实习生们一起工作，由我们对他们的工作进行指导。

然而，就像我们所陈述的那样，我们给出这个表格是因为我们相信：在这里所描述的建造过程不仅仅适用于那些希望自己建房的住户们，而且可以应用于一般性的住宅制造。

为了说明这一点，下面我们来看看在住宅制造的过程中我们对实际消耗的劳动力数量的评估。为了达到这个目的，我们把住户的劳动算做非技术性的，把实习生的劳动算做半技术性的，其他技工偶尔进行的劳动（在工程的末尾用来完成一两个操作过程）算做技术性的。这样分类之后，我们就发现在住宅的建造过程中，实际上所使用的劳动正好在我们理论上所列出的表格的范围内。就像我们在表中估算的那样，就像迪朗的家人和在迪朗家工作的实习生在实际建造过程中所花费的那样，表 4 对一栋住宅（迪朗家）的劳动总量用技术性劳动和非技术性劳动的时数进行了对比。

在第一列中，我们看到由住户所进行的实际劳动。我们是用比索来计算的，每小时 20 比索。这些钱实际上并没有付给住户，但这种计算办法帮助我们对所建造住宅的实际价格——或者对本应付给完成相同工作的非技术性劳动者——进行合理的判断。在第二列中给出了实习生的实际劳动，这也是以比索计算的，现在以每小时 26 比索计算（半技工的市场价）。在第三列中，我们看到帮助住户完成建房操作的技工的劳动力的价格，他们的劳动也是以比索表示的，按每小时 35 比索的价格计算。在第四列中，我们假定住宅的面积是 65.5m^2，列出了每一个操作过程的预期劳动力的价格（预期价格是按照表 3 所给出的数字为依据的）。在第四列中，我们给出了由实习生和技工所做的实际劳动的价格，这是住宅实际花费的劳动的价格。在第五列中，我们列出了

表 4：迪朗家劳动力的价格

	住户每小时 20 比索	实习生每小时 26 比索	专家每小时 35 比索	预期劳动力价格	实习生和技工的实际劳动力价格	房屋所有劳动力应支付的价格
土方开挖	456	967	—	1 599	967	1 423
墙角砖	384	499	—	1 277	499	883
墙　基	288	575	—	963	575	863
绑扎地板钢筋	960	1 248	—	1 921	1 248	2 208
地板下铺设管道	320	416	—	640	416	736
地　板	960	1 248	—	1 921	1 248	2 208
柱　子	576	468	—	1 284	468	1 044
墙　体	720	1 248	—	2 637	1 248	1 968
门　框	144	280	—	642	280	424
圈　梁	960	2 808	—	2 399	2 808	3 768
屋顶篮架	600	1 872	—	2 399	1 872	2 472
山　墙	480	642	—	1 598	624	1 104
电线线路	288	374	—	963	374	662
第一层屋面	800	1 040	—	1 598	1 040	1 840
顶层屋面	800	1 040	560	1 598	1 600	2 400
窗　框	400	1 040	1 120	1 199	2 160	2 560
窗	480	936	—	2 999	936	4 776
门	—	400	700	1 002	1 100	1 100
给水管道	—	468	1 785	1 572	2 253	2 253
电力装置	—	624	—	1 402	624	624
油漆与粉刷	600	260	1 050	1 598	1 310	1 910
铺　路	200	260	630	603	890	1 090
公共用地	144	468	362	871	830	974
总计（比索）	10 560	19 163	6 027	34 685	25 370	39 290

住宅所有劳动力的价格，包括住户自己的劳动价格（假定是非技术性的）。从这张表我们可以看出，如果没有住户的帮助，而只使用有偿劳动力，建造整座住宅所需要花费的劳动力。所有的价格都是按照1976年的价格来计算的。

※

劳动力的价格

就像我们在前一部分所看到的那样，我们进行成本控制的方法在管理建材和劳动力两个方面都是行之有效的。事实胜于雄辩。但我们所获得的结果需要我们作进一步的解释和讨论。在目前大批量建造住宅的情况下，很显然，劳动力问题就是建设问题的关键；并且为住宅建筑式样的复杂性和多样性所付出的代价常常是增加劳动力的成本，这也是一个颠扑不破的真理。所以，在一个典型的建造过程中，人们显然会认为我们住宅式样的多样性和个性住宅的独特性肯定会增加劳动的价格。

那么，我们的管理程序怎样才能设法让劳动力的价格低于正常的水平？

让我们首先用一个非常简单的标准来考虑由于建筑的复杂性所引起的劳动力成本问题。

当建筑师设计一个非常复杂的住宅时，成本通常会因为下面的原因而增加：

1. 设计费的增加。

2. 对住宅的每个部分需要特别详尽的设计，这就需要更多的劳动，因此在建造过程中就需要更多的资金。

在我们的住宅制造过程中，我们通过下面的方法来克服这两个问题：

1. 因为住户自己设计出了更为复杂的住宅式样，因此他们不需要支付这部分设计费用。

2. 建筑本身巨大的复杂性和费用被限制在最小的范围内，因为所有的建筑任务都被作为建筑过程——而不是被当作住宅构件的装配体——这些建筑过程根据具体情况，创造了无限多样特殊的住宅形式，而人们没有觉察到任何费用增加的迹象。例如，即使每个窗户的式样或型号都不同，人们还是能按照每平方英尺的固定价格制做不同型号的窗户。只要屋顶篮架的形状在一些容易编织的合情合理的范围内，人们就能编织出不同形状的屋顶篮架，而不用改变其价格。这个范围由设计建造师的专业技术所决定，因为让设计建造师在设计过程中对住户讲明那些构造是根本不可能作到的，是应当剔除的。

如果我们观察大规模住宅建造的正常程序，我们就会注意到受过训练的工人有组织地从一栋住宅转移到另一栋住宅，建造出一排一模一样的住宅，反复地做完全相同的事情。我们很清楚他们极大的工作效率来自于他们对反复进行的相同操作过程的熟练程度，因为他们对怎样钉每一个钉子了如指掌。他们凭着经验就完全知道他们什么时间应该在一起工作，什么时间需要一个人扶住东西，而由其他人系绳或者钉钉等等。

但是在我们的操作过程中，墙壁当然不是标准化的，每个住宅的设计都不一样。然而，操作仍然是标准的。因此，我们的建造过程确实具有相同的重复性建设。连续性的操作、建造细节指令的执行以及构成每个操作过程的人的活动都还是高度重复的。因此全体工作人员有可能从头至尾反复学习这个操作过程的每一个细节，就像当今大批量建造住宅的更大的重复性一样，熟练将创造速度和效率。

问题是：根据经验，我们这些受过训练的工作人员虽然反复地进行同样的操作过程，但每一次同样的操作建造出的却是具有不同物质结构的住宅。他们是否和反复地重复相同的操作，而且建造的也是相同结构住宅的工人的速度一样快呢？

为了清楚地理解这个问题，我们以下面四个砌混凝土砌块墙的泥瓦匠作为我们的例子。

第一个泥瓦匠砌了五面同样高度和长度的墙。每面墙高4英尺，长10英尺。

第二个泥瓦匠砌了五面高度和长度都不一样的墙。但是墙体的总面积相同。每面墙的面积是40平方英尺。

第三个泥瓦匠砌了高度一样而长度不同的墙，墙的长度不符合砌墙的模数，即构成墙体的砖的数量至少应为半块砖的整数倍。

第四个泥瓦匠砌墙的面积和前面三人相同，但是墙的长度和高度都不同，这是因为墙体是由不同的具有非整数倍的砖所组成的。另外，每面墙顶部的处理方式都不一样，有带出挑的或者有圆形的顶部等。

我们可以通过观察这四个泥瓦匠的工作进展情况来清楚地了解整个问题的症结所在。

第一个和第二个泥瓦匠大约会同时完工。虽然前者重复五次建造了相同的墙，而后者建造了完全不同的但总面积相等的五面墙。由于这两个泥瓦匠进行了完全相同的操作过程，所以就花费了相同数量的时间。

另一方面，第三和第四个泥瓦匠几乎肯定会花费较长的时间。第三个泥瓦匠进行了一个额外的操作工序：他必须切割砖块才能砌平每一面墙的末端，这就需要额外的时间。第四个泥瓦匠进行了两个额外的工序：他必须切割砖块，还必须把每面墙的顶部砌得形状各异，这也需要额外的时间。所以第三和第四个泥瓦匠需要花费更长的时间，因此也就需要增加墙体的造价。

我们所用的建造程序可以建造出不同的住宅而又不会增加造价的根本原因是：我们的建造程序就像第二个泥瓦匠工作的过程一样，这个程序是由标准的、普通的操作过程构成的，能够用来建造出具有无限多样构成的建筑物。它不需要额外的操作，因此，它不像第三和第四个泥瓦匠那样需要增加劳动力的价格。

当然，我们通常难免会在每一座住宅里建造一两个独特的迷人的细部：门边的一个座位、窗框周边的一个特殊的窗套、一个凸窗、一个小喷泉、房顶上的一个雕刻等等。

这些额外的细部当然出现在第三和第四个泥瓦匠的操作类型中。但是，在我们所展现的操作过程中，住户们可以自己尝试去做这些小的细部，也就是一旦住户能够胜任一般的建造方法，对他们来说让他们自己专心于创造某个特殊的地方、某个特殊的细部是世界上再自然不过的事情了。他们可能会花费数小时的关爱和耐心进行创作，但是他们不需要在整个成本预算中增加任何内容。

※

下面我们通过讨论成本的另一个完全不同的方面来结束本章的内容：建筑操作本身的成本和属性。

目前，我们完全是从成本控制的角度来商讨成本问题的：我们已经描述了一个允许我们确保建筑物能按照我们所估算的确切造价来建造的程序，甚至当建筑物具有本书所描述的巨大的人性差异，我们也能达到我们的目的。

重要的是，我们应该认识到我们也花费了巨大的精力来设计建筑操作本身，确保进行那些尽可能廉价、尽可能简洁、尽可能朴实的建筑操作，这些操作能够丰富建筑并使建筑显得可亲可爱、富于人性。

这一类型的建筑操作主要依据下面一点而定：用一种不同寻常的方式来看待一个建筑可能合情合理地具有的标准。

以某种难以描述的方式，现时世界歪曲了我们看待我们的物质环境的态度。当然，技术的奇迹——漂亮的新材料、惊人的新机器、方便好用的设备——确实帮助了我们，让我们更舒适地呆在自己的房子里。我们对这些物质的欲望是自然的，是非常基本的。例如，舒适的浴室和令人愉快的厨房已经变成了现代生活中的一项基本内容。在许多国家，人们仅仅由于公寓里相当不错的管道就从漂亮、传统的住宅中搬出，而挪进那些丑陋、狭小、盒子式的公寓里。虽然或许这有点嘲弄的意味，但这确是人性化的。我们都有这种追求舒适生活的倾向，这并不是什么不可思议的事情。

但是伴随着这种相当自然的倾向，还有其他一些几乎荒谬的情形。在旧金山，最近通过了一项法令，禁止在建筑物的上部建造装饰物，以防万一地震发生时装饰松动而危及人们的安全。这就引起了人们对建筑结构安全问题的普遍关注，显得滑稽可笑，甚至对人们的精神也是一种摧残。这个法令已经出格了，超出了正常的保证建筑安全的措施的范围。

同样的，现代住宅所必须符合的“标准”在很多方面都超出了正常的范围。现代标准要求卧室要大，禁止狭窄的楼梯，禁止折进壁橱里的小床位，禁止用泥土做地面的材料，甚至在车库里也不行——总之，这些法令把装修的标准、卫生保健的标准、结构安全的标准和可能会成倍增加成本的外表清洁的标准强加到人们的生活中。

伴随着这些被法律、法规、银行和公共机构所强加的高标准，人们本身对待住宅的态度也有类似的疯狂之处。

即使在他们祖父母的门廊里可能拥有最美妙的粗制的砖地板，人们可能也会由于门廊的平整度不够而恼火，他们甚至不能容忍一个毫米的高低不平。人们需要有机器教给他们的装修标准，但是这些标准和住宅的舒适性没有任何显著必要的关系。墙面必须绝对地平整、门需要绝对地光滑、粉刷或者油漆的颜色必须绝对地均匀、瓦片必须排放得插不进一根头发丝。所有这些高标准中没有一项有意义，没有一项能使住宅更舒适，但是所有这些都将极大地增加建造的成本。

我们专门逆着潮流而上，和这些流行的看法背道而驰。我们已经试着限定了能建造出安全、完好、干净、简洁的住宅的建筑操作——但是由于我们的活动都是在明智的界限之内，所以我们能够使住宅的价格低于一般的水平。为了作到这一点，我们非常注意住宅装修的标准和水平，这些装修确实让住在住宅里的人感到舒适。虽然我们坚持关注这一点，但是我们尽量忘记那些人为提高的标准。因为这些标准只是人们的想象，和显著、敏感的日常生活的舒适性没有任何关系。

例如，当我们的工程师第一次设计混凝土地面时，因为地面条件非常差——黏土地，还有许多下陷处——那么“合适的”工程设计结果是：如果把它建成混凝土地面，其造价将占整个住宅造价的35%。这是绝对不可能的事情。怎么办？通用的工程原则以及由通用的工程原则所指导的银行业务和建筑规定对解决这个问题一筹莫展。真正的问题是：如果因为某种原因建造一所住宅的造价是3 000美元，我们应该拿出多少来建造混凝土地面才算合乎情理？

为了解决这个问题，我们果断地减少了钢筋用量。这样处理之后，我们制做的混凝土地面中的一部分表面可能会出现细微的裂纹，但出现裂纹的可能性很小。但是看来用5%失败的可能性来建造1 000座住宅，比用相同的费用以1%失败的可能性建造500座住宅要好。虽然这其中的好处是显而易见的，但是现有的工程设计理论都认为这是不可行的。

用同样的道理，在建筑设计中，我们也尽力去寻找那些可以大幅度降低成本，而又不会在任何重要方面去真正改变人们舒适性的材料。

例如，我们使用连锁砖块的原因之一就是我们可以不用砂浆砌筑它们。在给排水管道工程中，我们只用镀锌钢管做热水管，而用塑料管做冷水管和排水管。我们之所以制做僵硬的无顶篮架是因为底层精巧的模壳会花费昂贵的劳动力和建材。刚开始，为了降低成本，我们曾想用竹子和棕榈枝条来代替钢筋。

为了让地板有一种令人愉悦的观感，而又不想消耗砖块和瓦片，我们把一种红色氧化物和水泥的混合物撒在灌注的水泥地面上，给地板一种红色的温暖色调。虽然我们制作的窗框被镶了边，看起来很漂亮，但是如果就建材和时间的花费来讲，它们大概是最简单的窗框。窗户和门的情况也是一样的。我们设计檐板不但是用来帮助表现住宅的立面，而且还能让圈梁不超出我们工程师所限定的最大尺寸。

这些决定让我们的住宅从整体上比常见的住宅更漂亮，但在细节上却较为粗糙。在这一点，它们更像我们祖辈的住宅。但我们必须记住的是，我们建造每一座住宅总共只用了大约 75 000 比索——这只相当于同时期在墨西卡利由政府资助的采用标准化建设的同样规模的住宅造价的一半。

总而言之，我们建造的住宅非常便宜。每一座住宅的实际预算是 40 000 比索（3 500 美元），这是用于购买建材的资金。如果我们把住户和两个实习设计建造师（他们代替通常用来帮助住户完成住宅建设的有偿劳动力）的劳动也包括在内的话，每座住宅的造价仍然低于 75 000 比索。在 1976 年，同等规模的住宅或者政府社会公共机构在全国住房基金会建造的住宅的市场价大约是 150 000 比索，是我们住宅价格的两倍。

如果我们用相同的资金建造出的住宅相当于政府建造住宅数量的两倍，同时它们更漂亮，更富有朝气，人们似乎对住宅的价格就很难再提出异议。

第七章

建造过程的人性韵律

人性韵律的原则

最后，从本质上来说，建造过程本身是作为一种富于人性韵律的人性过程而存在着的。这不仅仅是一个把已经设计好的建筑物装配在一起的机械的过程。相反地，这还是一个富于人性的过程。因为，精神、幽默和情感都是这个过程的一部分，并且它们能够进入到建筑物本身的结构之中，所以，最后人们能够感知到建筑物正是韵律化的产物。

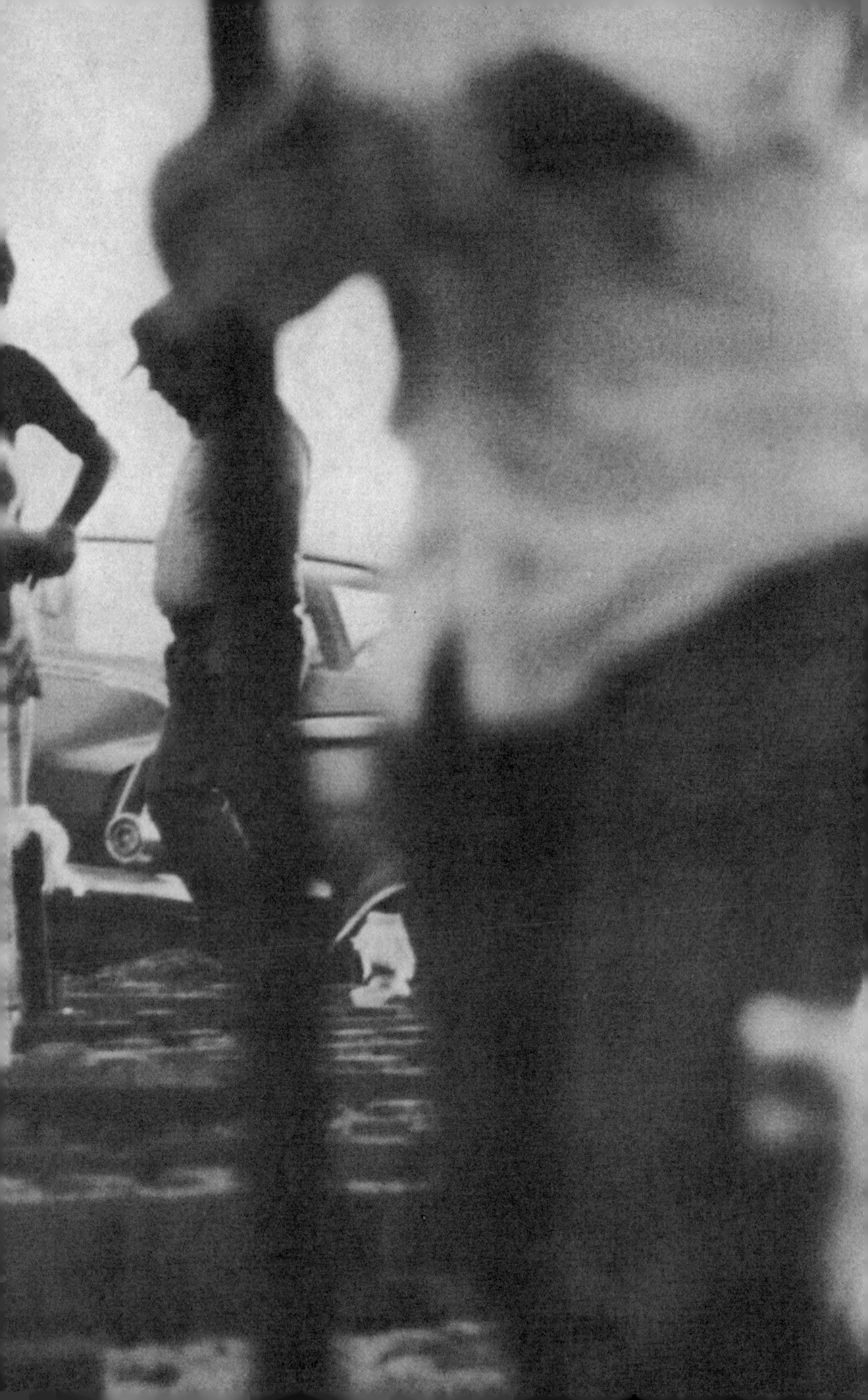

※

在当今的住宅制造中，实际的建造过程基本上是工厂化的。与建筑操作有关的劳动力完全是通过金钱这个媒介来交换的，建设工人在情感上远离他们所建的住宅。无论采用正式的还是非正式的方式，住户都不能进入住宅，因为住户们非正式的韵律和工人们金钱意识极强的工厂化韵律不合拍。

除了工人们偶尔开开玩笑之外，施工现场是一个相当忧郁的生意场，人们在那里工作只是为了获取他们的报酬。那种把施工现场作为人类生活基本体验的观点，那种把住宅制造过程作为人类生活基本组成部分的观点，通通都已荡然无存，并且人们对生命的根本体验也已经被技术进步剥夺了。

之所以会发生这样的情况是因为施工现场基本上被控制在大规模建设的承包商、施工视察官、安全检查官和可能大规模进入的重型机器设备的手中。

然而，在理想的情况下，住宅的建设就像人们生活中的一件大事或者像一个家庭要生育一个孩子一样重要……建造住宅是在人们精力特别旺盛的时期，是人们在住宅中住了多年后回想起来仍余音绕梁的时刻。但是，要达到这样的目的，能够对现场人性化事件控制的权利必须掌握在住户自己的手中，必须掌握在和住户有特别关系的当地建筑工人的手中……

因此我们提出用更人文化的操作来代替当前建造体制中机械的建筑操作过程。因为在这种更人文化的操作过程中，建设的快乐是至高无上的；建设者和建设工作本身、和所建的住宅、和住宅的位置以及和住户之间都有一种富于人情味的联系；住户们可以按照自己的愿望随时进出住宅。所以，作为一个整体的建筑过程就成为记载人们成就的记录，成为值得记忆的人类奋斗经历，成为对曾经居住过住宅的回忆，成为一个留在曾经拥有的住宅里的生命的时刻，一个在以后的岁月里、在同样的房子里缓慢进行的改进、演变和修缮中继续下去的过程。最重要的是住宅被作为社区生活的一部分，被当作可以辐射到社会生活方方面面的生命的喷泉。

※

我们的墨西卡利工程首先是一个发生在现场、非常富于人性的事情。因为建造的实际过程与设计建造师的原则、住宅团组、成本估算以及所有的一切都相去甚远。这个实际过程是人们日复一日处理的事情，甚至在建设已经停止的今天，建筑工地的场景依然历历在目。

下夜班的人走过窗旁，出升的太阳照在他回家的路上，灰蒙蒙的太阳已经开始把我们的房间照得暖洋洋的……送沙和碎石的人每两天来一次，并且把堆得高高的砂砾从卡车上卸下来，我们给他们填好账单，每周给他们开一次支票……人们开车穿过城镇去买电器设备，和电工们一起喝着凉水在货栈等待，把管道和设备装进卡车里。

灌筑屋顶是件大事。现场所有的人在一天内一次只灌筑一家的屋顶。人们在早上7:00就到达现场，到7:30或者8:00人们已经干得热火朝天。当时的温度是华式85°。由两、三个人组成的搅拌组向搅拌机内整桶整桶地倒入沙子、砂砾、半袋半袋的水泥和水，使混凝土的生产过程保持运行。他们戴着湿面罩以防止将水泥的粉尘吸入肺中。另外一组人员负责用手推车从搅拌机往灌筑现场运送拌和好的混凝土。第三组人员站在屋顶下面的地面上用桶把混凝土传递给上面的人。第四组人员把混凝土倾倒在屋面上，扔回空桶再进行下一轮操作。

在屋顶上的第五组人员把混凝土摊开、用泥铲抹平。所有这五组人员（大概有15或18个人）在整个施工过程中就像时钟机构一样一起协同工作。到了上午9:30，温度为华式95°。到10:30,人们已经工作了3个小时，大概有1/3的屋面已经揭顶。有人会在火辣辣的太阳下穿过脏兮兮的街道到名为“食品：这是生命之源”的小杂货店里，带回一打可口可乐、樱桃汽水和菠萝汽水。到这个时候，温度可能会达到华式100°或者华式105°。人们继续工作，时不时地喝一点汽水，手中干着泥水活，嘴里开着大量的玩笑，甚至还唱着歌儿（比如“没有挣得足够的晚餐……”）。现在没有任何事情可以阻止操作的进行——除了推车者的叫卖声。这些叫卖者了解他们的售货领地，开始卖那些夹着山羊肉的炸玉米面饼、去皮的黄瓜和大片的凉薯。所有这些东西每份都是一个比索。到了休息时间，我们已经干完了2/3的工作，温度也达到了华式110°。大家聚集在街道上休息20分钟，然后又回去把混凝土从搅拌机里铲出来，再运到屋顶上。到下午2:30或者3:00，我们就完成了所有的工作。我们用水把搅拌机和工具洗干净，把屋顶浇湿，所有人都聚集在树荫下休息并喝着啤酒。

在工地的另一部分，制做空心砖的人们也有自己的工作韵律。一个人搅拌，一个人操作机器，另一个人推走砖去晾干。他们日复一日地做着同样的事情。

搭建墙壁是一个比较容易的操作过程，甚至连妇女和住户的孩子们也能够帮忙干这个活儿。

即使是这样，一些住户还是不知道怎样干，需要我们给他们做一些示范。我还记得给朱利奥·罗德里格斯讲解怎样把砖块垒在一起，然后再决定窗户的洞口，想像着把窗户安装在那里的情景。

工程引起了邻近居民们极大的好奇心。刚开始，许多人认为它是一个教堂。虽然大部分人喜欢这些住宅，但是他们错误地认为住宅肯定会非常昂贵，他们肯定支付不起。不过也有许多人询问购买砖块和其他建材的事宜以及这种建房的样式。

在住户们第一次开现场会议期间，当住户们挑选地块，一起规划地界的时候，朱利奥·罗德里格斯从口袋里拿出一瓶墨西哥产的龙舌兰酒让大家分享，每人喝了一些酒后，我们才开始开会。

当然，并不是所有的事情进展得都很顺利。有一天我们听说若泽·洛佩·波尔蒂约，下一任墨西哥总统，在三周后来墨西卡利时将要来参观我们的工程，因为地方政府想向新总统展示他们在新的住宅建设工程上所作出的努力。我们自然想让新总统看到更壮观的工程，我们想把住宅建得更加理想。因此我们做了特别的努力。我们和其他人一起在白天加班，灌筑住宅的圆顶、制做窗户、粉刷墙壁、油漆门窗、用砖铺路。在安排好要参观的那一天，整个工地都喜气洋洋的，住户们和其他参加工程建设的人们都穿着节日的盛装、怀着极大的期盼等待着新总统的光临。但是他一直都没有露面，因为他赶不上这个日程安排就把这个活动删去了。我们在那一天真是大失所望。

※

当然，我们建造过程中富于人性的特点不是任何建造过程都会具有的。这一人文特性不可能仅仅因为人们在一起工作，就会自动形成。我们必须让这一人文特性扎根于我们的建造过程，培育它，给予它像给予设计地板或者设计混凝土配合比一样多的关注。

凭我们的经验，要培育这一人文特性，我们好像至少要在建造过程中做到下面几个特别的方面：

1. 每天人们都要在某一个确定的时刻一起工作。

2. 每个家庭必须至少从事一些体力劳动。

3. 每天都要做一些明确的事情。

4. 人们互相帮助进行较为困难的操作。

5. 在每个操作过程的收尾都要有一个庆祝活动。

1. 每天人们都要在某一个确定的时刻一起工作。

和住户一起工作从本质上讲是一件带有人文性质的事情。一方面，我们必需确保让他们理解他们需要从事多少种类的工作以及他们将要从事工作的数量。另外一方面，我们也必须传达给他们这样的信息：建筑工地实际上是一个杂技场、一个聚会场所和一个享受美好时刻的地方。

下面是当时我所记录的一段笔记：

今天，在签订了合同之后我们召开了第一次会议，明天我们就要开始工作了。关于这个问题我对他们讲了一些话：

“你们必须了解的最基本的事情是要按期完工，是你们而不是我们对整个工期负主要责任。每个操作过程都需要在一定的期限内完工，你们必须在规定的时间内完成任务。否则，我们有权雇佣额外的工人，迅速地把你们延误的工期赶上来，但这需要由你们来付钱。

“实习生将随时为你们效劳，和你们并肩战斗，并成为你们的得力助手。但他们不会单独去工作，所以是否按时工作将取决于你们，成功与否是由你们是否来参加劳动决定的。

“这就意味着如果某一个操作过程不能按时完成，我们将不得不在晚上把它赶出来。这样的事情不会经常发生，但是一旦遇到，我们所有的人将不得不留下来加班。

“请记住：这是一种在你的一生中只发生一次的事情。这件事在几周内将会非常艰苦，这是一个将会留下深刻印象的时刻。但是同时，从某种意义上来讲，这也一直是一个聚会。如果我们像对待一个聚会一样来对待这个工程，那将会是一件美妙的事情。”

朱利奥马上建议我们举行一个聚会，尽快举办一场“玛瑙牛肉饼”聚餐式开工典礼。我们开始准备这个典礼。

2. 每个家庭必须至少从事一些体力劳动。

前面已经多次提到，我们并不认为住宅制造的本质是住户亲自建造了他们的住宅——而是住户亲自设计了他们的住宅。

从这一点，“自助”在本书所描述的过程中不是最根本的问题。只要住户亲自设计出了住宅，在这个建造体制内我们完全也可以让专业工人来完成住宅的建造。

但是，我们确实认为本着建造过程的精神，本着住宅的精神，住户必须——至少在一些小的范围内——亲身参加体力劳动，他们至少要用自己的身体、用自己的双手，通过足够多的体力劳动，来触摸住宅制造过程的脉搏的跳动。

在住宅制造的过程中，甚至部分地从事一些体力劳动也会对一个人的感知产生惊人的影响——让他体会到他和住宅的关系并不纯粹是一种“购买”上的关系。下面是在我们的美国加州伯克利市的工程中发生的一件事：我们正给一个小工厂建造一个附属部分——给雇员建一个午餐室。我们主要利用晚上工人都走了的时候工作以便不和工厂的工作时间相冲突。一天，工程几乎快完工了，我正在收拾一些橱柜时，一个雇员走了进来。突然他用一种非常不友好的语调说：“在你的长餐桌上面有一个污点。”我转过身说：“那不是在我的长餐桌上面，那是在你们的长餐桌的上面。如果上面有一个污点，这儿有一块砂纸。”我递给他一块砂纸。五分钟内，他把污点擦掉了，他的态度也发生了完全的改变。他微笑着，因为他感觉到自己“属于这个地方”。打磨掉那片细小的污点，2 英寸那么大的一片，改变了他和整个地方——也许有 1 000 平方英尺建筑面积的新建筑物——之间的关系。这个地方现在和他息息相关了。

在墨西卡利工程中，住户们起的作用比仅仅擦掉一片污点要大得多——他们几乎完成了建筑工作的一半。有时工作非常艰苦，但是在工作中也有很多生活乐趣。例如，下面的这部分笔记是从我的笔记本中摘录的：

一天后

挖土进展得很顺利。许多人一起工作，场面非常壮观。

三家住宅的地槽已经挖好，其他两家还没有。怎么办？

马卡里亚家的工作进展很缓慢，因为他丈夫，即使昨天一整天都无事可做也不来参加劳动。莉莉亚家不习惯从事艰苦的劳动，他们干得也非常慢，观望的时间多于工作的时间。但即使如此，我们也帮助他们。昨天我们给了莉莉亚一把铁锹，但我们更需要给予她的是大量的鼓励和帮助。

3. 每天都要做一些明确的事情。

这听起来是一个显而易见的事情，然而人们对这个问题并不是很清楚。的确，这或许是这5条的中心，是最重要的一点。在一个典型的工程里这决不是会常常发生的事情。

在现今一般的建筑施工中，人们是根据钟表时间工作的，当钟表报时该回家了，人们就停止工作。但在这样的建造过程中，下班的时间完全是武断的，人们没有具体的成就感，而只有“熬”时间的感觉。

相反地，在我们的建造过程中，现场的每一个操作过程都有自己的韵律。挖土：每隔几秒挖一铁锹——像跳舞的一个节拍；砌砖：每3分钟砌一块，也是一个完美的韵律。

操作过程本身：每周一个操作过程；在某一天完工；在那一天——星期天达到高潮。

当你摆脱了这个韵律，什么也进行不了，操作慢了下来，变成了一个累赘。但是只要维持这种韵律……操作就在进行。

为了跟上韵律的步伐，有一天晚上，我们在工地工作到凌晨3:00，把石灰倒入水中，提前几天以确保操作的韵律正常运转。

建筑操作就像舞蹈，人们建造出一座建筑物就像是随着舞曲的节奏“跳”了一曲。这就是建筑的艺术。如果不以韵律来建造，将会一事无成。

操作过程的韵律感不但取决于操作过程可以被分成一些次要的单位操作，而且还取决于每一天所进行的每个单位操作，自然会使建筑物更加完善。因此每天我们都是带着一种新的成就感回家的。

4. 人们互相帮助进行较为困难的操作。

每天人们都在同一时间一起工作，这创造了社区感和社区韵律；他们相互之间和谐地共同劳动，互相调整步伐，更加努力地工作，这是因为他们知道别人也在工作。反过来，其他人也从他们持续不断工作的身影中获得激励。因此，人们坚持工作以跟上整个建设的步伐。

但是实际上在那些人们彼此需要物质帮助的操作中，这种共同依赖感就变得更加独特、更加具体。

大部分操作可以由一两个人同时完成，比如搭建柱子、砌墙、安装窗户——因为人们采用并行的工作方式。但是某些操作——灌注场地、平整场地、灌筑混凝土地板、灌筑屋面圆顶等——非常艰苦，甚至在一个很小的地方，也需要许多人一起共同工作。这时，每个家庭或每组工人都同时集中在一个住宅工作，并轮流建造各家的住宅。

当然，这就意味着每个人都动手建造了住宅团组中的每座住宅，每个人也应该感谢和他一起工作的其他的人们。

在这种情况下，住宅团组的意义已经远远超过了一个居民社区的范畴：它是一组因为共同工作、因为共同努力而团结在一起的人们。最重要的是，正是这种团队精神帮助凝结塑造了这个工程。

5. 在每个操作过程的收尾都要有一个庆祝活动。

当然，在每一个操作过程的收尾阶段，我们都要喝上一桶啤酒。成就感的魅力是如此巨大，以至于它自发地、必然地、几乎是不可避免地迸发出来。

有时，我们举行极其丰富多彩的晚会，在建筑工场的凉廊里跳舞一直到凌晨两、三点钟……

另一些时候，我们举行盛宴——享用玛瑙牛肉饼——北墨西哥的特产：把在露天篝火上烧烤好的长条薄牛肉切成更小的长片，和辣椒一起卷进滚烫的圆形玉米面薄饼中。

朱利奥·罗德里格斯带来了他的吉他——为一群围着篝火唱歌的人们伴奏。一次下班后，他带来了他的朋友，每人都带着吉他。那天晚上人们伴着他们的吉他声而不是凉廊里磁带的音乐声翩翩起舞。

即使在最平常的日子里，我们至少也要喝上一桶啤酒来庆祝。我们一般会尽可能早地赶在太阳太热之前、混凝土可以加工

时灌筑地板。我们从早上6点差一刻开始工作，到正午或下午一点钟完工。在灌筑地板之后，我们开始喝啤酒，人们像喝柠檬汁一样喝啤酒止渴。喝完之后，他们半醉地躺在刚抹平的混凝土地板旁边，把脚伸向空中，大大咧咧地躺在灰尘里。

※

在我的笔记本中的这个记载也许非常深刻地体现了墨西卡利工程中人文精神的重要性：

在昨天晚上的宗教节日里，五家住户一起庆祝住宅基础的落成。若泽·塔皮亚来到我面前并且用一种难以表述的温暖和热情告诉我：这是在他的一生中所经历过的最打动人心的建筑；他只想多做些工作；他想帮助其他的住户完成他们的住宅；当他们五家的住宅建好之后，他希望帮助更多的住户，让他们拥有和他一样的体验；能够为这个工程进一份力是他的荣幸，这是一个美妙的事情；他想一遍又一遍地从心底里感谢我。所有这些话语也不能充分地表达他的情感。

若泽家总是最快地完成各项操作，他们把所有的工作都赶在其他人之前。若泽的兄弟周末和他一起工作。昨天晚上当我们围着篝火唱歌时，若泽几乎疯狂了，在唱出的每一句的末尾都发出一声快乐的叫喊，那是能够按照自己的意愿自由地建房的人发自内心的叫喊。

※

当我们离开墨西卡利工地五个月后第一次回到那里时，虽然我们想去看看那些住宅，但我们并没有直接穿过街道去看它们。虽然我们在那么长的时间里负责建造了这个建筑组群，但我们已经感觉到这些住宅不再是我们的领地。受到若泽的邀请后，我们谈起了他们住进新房子后的感受。我们问若泽在完工之后，他实际上是否体验到了任何社会性的变化、他自身的变化以及任何类

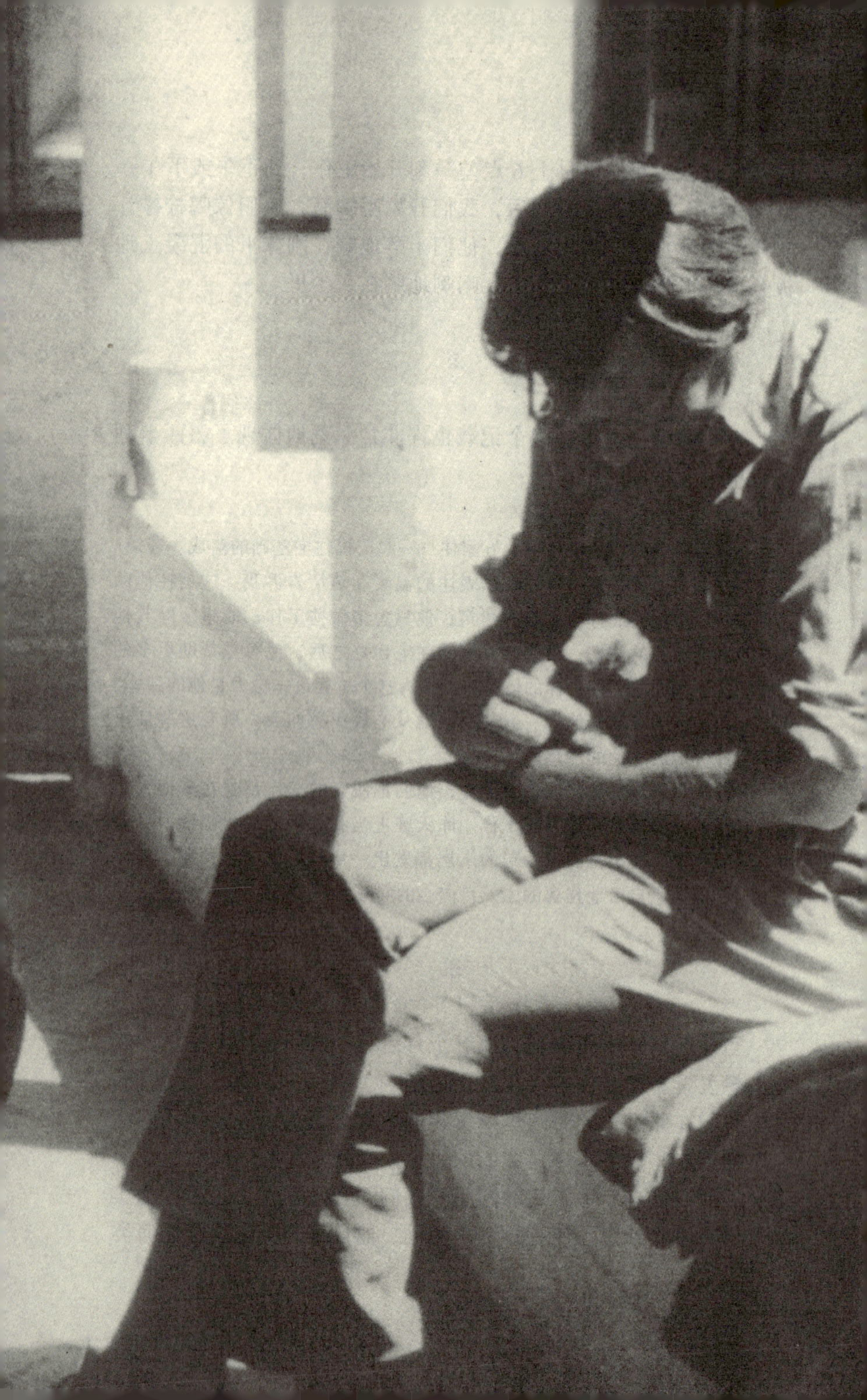

型的更大自由或者更大潜力的发挥。刚开始，因为这个问题对他来说非常抽象，他有点儿茫然。不过，当他清楚地理解到我们是在问他的具体体验时，他说出了一段非常不平凡的话。他说："……嗯，我并没有特别注意到这个工程对我所从事的工作或者对我关于社会的态度产生过任何影响——但是我注意到现在我在家里所做的事情和以前在我原来的房子里所经常做的事情完全不同。过去在闲暇时我从不呆在家里，下班后我所乐意做的或多或少不过是去看看电影、去酒吧消遣之类的事情。现在，因为我的新房子很适合我，所以我喜欢我的住所。我在这所房子里感觉很好。我突然意识到我有各种各样其他事情可做。我可以坐下来读书，我可以进行自我教育，我可以制做一些东西，我可以和妻子进行关于如何改进我们住宅的谈话，或者和我的兄弟一起在外面的院子里干活……因此这个工程直接改变了我本人，改变了我的个人生活。当我在家里，当我下班回家时，相对于每一天我所做的小事情而不是相对于整个社会来说，我感觉自己更有效率。"

莉莉亚·迪朗也对她的住宅非常满意。一天上午我在她家里拜访了她，并且称赞房子很漂亮。她说不但房子漂亮，而且房子也完全适合他们全家。她还说好像他们拥有了他们所需要的一切，他们拥有了他们所需要的东西，这些东西非常对他们的胃口。我说在经过那年的艰苦建造之后他们肯定会高兴地搬进新居。她说这和艰苦的劳动没有关系，重要的是房子是如此地适合他们全家中的每一个人。她说他们的房子没有一点儿问题。

接下来，朱利奥·罗德里格斯告诉了我们他对去年的事情记忆最为深刻，以及最美好的部分。

"最美好的部分，"他说，"是我学到了许多东西。我学会了怎样安装窗户，学会了怎样制做门，我还学会了怎样干泥瓦活。以前我对这一切一窍不通。不过，我认为最美好的部分是我学会了怎样更好地生活，我学会了怎样生活得更加舒适。以前我对这些也一无所知。在这里我感觉自然，这里适合我。在我们以前住

的地方，我们没有下水道，房子里没有厕所，甚至房间里没有洗碗池。在去年一年里，我们了解了所有这些事情。”

我说，“朱利奥，你说‘了解’了而不说‘拥有’了这些东西，这很有意思。”

“是的，”他说，“这个社区里大部分人都比我们有钱，他们能够买得起所有这些东西。但是，因为我们了解这些东西，所以我们比他们更富裕。我们准备慢慢地还清房款。因为去年比索贬值，贷款几乎增加了25 000比索。我的妻子正在做一份工作来还贷款。然而，这是一个成功。我们住在这儿，在我们自己的房子里，感觉真是好极了。”

我们问了马卡里亚·雷耶在操作过程中她最喜欢什么。

“哦，”她说，“操作过程中所有的东西都非常美好，我不能把其中的一项和其他内容分割开来。在我的一生中以前我从来没有做过这些事情：搭建墙壁和柱子，挖土，钉钉子和所有这一切。”

“但是如果你需要挑一件事情来向别人推荐，那会是什么呢?”

“哦，我不知道。所有的一切都非常的快乐。这是一个新的体验，我以前从来不知道我能做那样的事情。如果我需要推荐一件特别的事，那肯定是建造柱子。垒柱子很容易，所以垒的速度也非常快，当柱子垒好后，你可以看到住宅已经完成了那么大的一部分。不过，我喜欢所有挖和铲的工作。我们能够做这些工作真是令人惊奇。”

“你的住宅是怎样建造得如此完美？比其他住宅都还要完美?”

“哦，我花费了大量时间。我和爱玛一直密切地工作在一起。”

“你是这五家中惟一在建筑过程中充当主要角色的女士，是吗?”

“是的。我想一是因为没有办法，因为若泽·路易斯不能参加劳动；另外一个原因是爱玛帮了我很多忙。那时我认为对一个女士来说做这些事情简直是不可思议的。我们决定尽可能做好每一个操作。你是否还记得那天我们试图安放过道的那根主梁？那个梁弯了，我们安放了一遍又一遍直到把梁完全摆直才罢休。

“也许因为我们两个都是女士，我和爱玛有相同的体验——直到所有这一切都发生了，我们在那以前从来没有设想过我们有可能做这样的事情。我们发现我们不但能做这样的事，而且我们还能尽可能作好每一个步骤，我们真是高兴极了。我们互相帮助，做好每个细节。

“一想到现在住宅的位置原来是一片灰尘泥泞之地时，我就会惊叹不已。你还记不记得当时这里是一片泥泞，我们拿着丁字镐站在这里挖出地梁的那一刻？现在我的房子就坐落在这里。我的房子和所有的一切都是如此得美好。每一样东西都是我所需要的。

“似乎真是难以回顾我们开始工作时这里所有的灰尘和泥泞。”

帮助马卡里亚建房的实习生爱玛和希诺是这一切的见证人。马卡里亚现在已经把她住宅的钥匙给了他们。这两个实习生可以随时把这个房子当作自己的家。无论马卡里亚和她丈夫是否在家，他们都可以在那里喝咖啡，准备午饭。如果他们进门时敲门，马卡里亚就会问：“为什么要敲门？”在一起建造住宅的几个月后，现在马卡里亚一家把他们俩儿当作是自家人。

马卡里亚的住宅有点儿像这个住宅团组的社区活动中心。马卡里亚在白天工作，没有时间做玉米薄饼，所以朱利奥·罗德里格斯的妻子和爱玛·科西欧在晚上给她送来玉米饼。其他住户也聚集在马卡里亚的房子里喝啤酒和咖啡，看电视。我们问马卡里亚以前所居住社区里的人们是否也这样相处。

“不是这样的，”她说，“在以前的社区里，晚上没有人出去

MORELOS

拜访邻居，所有人都呆在家里。这里的生活和以前非常不同。”

这些谈话发生在住户搬进新居后一个月的时间里，他们还在进行完善他们住宅的工作——油漆、粉刷、完成户外的公共结构。我们计划当所有一切都完成时举行一个假日活动。我们邀请了银行的董事和州政府的官员。所有人都盼望着这个时刻的到来。

让我们来对比一下住户们和政府官员们对住宅的不同情感，这是至关重要的。

在建房过程中，各种各样的政府官员对我们进行过各式各样的非议。他们不喜欢住宅的“外表”；他们不喜欢散漫自由的设计；他们不喜欢在一些住宅的旁边有一些没有完成的部分；他们不喜欢每一栋住宅有独特的个性和特点；他们不喜欢在生产砖块的过程中存在技术上的困难。

他们这些反映并没有什么恶意。如果我们考虑到这个建造过程和以前“正常”的住宅制造工程的极端不同之处，我们就可以理解他们的这些反映。当然，有些人总是赞成在数英亩的土地上建设那些全部采用同一种模子制成的住宅配件装配成的住宅，我们完全可以预料到这些人会发现这个工程是莫名其妙的。我们也可以理解他们十分不耐烦的原因：一组有国际知名度的建筑师来到墨西卡利，经过多个月的努力只建造出了五座住宅。对那些没有经过仔细、深刻地思考整个建筑操作过程的人来说，发生这些变化的基本属性，使这些变化产生的困难程度，以及创造本书中所描述的特点等等都不是显而易见的。

但是无人可以改变的一件事实是：住户非常满意自己的住宅，他们中的一些人对他们的住宅喜欢得发狂。这个事实是无人可以更改的。

他们感觉到满意、高兴，他们感觉自己拥有美观的住宅。这些住宅真正属于他们。他们的汗水和住宅内的钢筋浇灌在一起。

这些住宅属于他们自己。

当我们把政府官员书呆子式的不满和可以感知到的住户们快乐的现实进行对比，我们就会意识到政府官员们即使知道住户们热爱他们的房屋并对他们的房屋完全满意，他们也会继续持嫌恶和反对的态度。难道我们不该对这些官员抱着他们错误观念不放的态度以及他们可怕的傲慢态度感到不可思议吗？

难道我们还不清楚这样一个事实：建房的游戏规则——住宅建设的确是一个游戏——被银行、房地产商和住宅建设监督局毫无顾忌得操纵着。他们无视人类的情感，甚至就连那些热爱自己住宅的住户们的深切的、不可更改的满足感也不能影响他们？

当看着这五座住宅和由这五座住宅组成的住宅团组时，我本人有一种宗教般的虔诚，就像当今我们社会上任何社会行为能带给我的情感一样。

这里有五家住户，他们几乎是赤手空拳地创造了自己的生活。

他们从社会给他们造成的泥潭中升起，他们好像是从幻想里开辟了一条道路走进了现实的光明之中。他们自己生产材料，他们在这个世界上塑造了完整的自我，现在生活在一个他们为自己创造的世界中。这个世界在他们的荣耀之下变化了、更改了、开放了、强大了、自由了。他们跺着脚，看着公共用地上的水在潺潺地流淌，照看着邻居的孩子，现在等待着去帮助他们的朋友在这块土地上或者在这个城镇的另外一个角落里进行同样的工作。

他们变得强大，强大得几乎让人激动得透不过气来。他们，他们自己不是用那种我们都采用的迷迷糊糊的、秘密的、内部的方式，而是采用明白的、在自己的土地上出类拔萃的方式创造了自己的生活。他们充满了活力，他们徜徉在充斥着自己房屋的自由的气息里……

第三部分

大规模建设

※

到目前为止，我们已经看到了在一种新型建造体制下建成的一个特殊的工程形式。这是一个在墨西卡利的特定条件下所建成的特殊形式，这个特殊形式体现了控制这个建造体制全过程的七个原则。但是到目前为止，我们还没有理由相信这一类型的建造过程能够扩展其范围，广泛适用于不同文化背景、不同经济状况等条件下的不同的变化类型。总之，到目前为止我们还没有任何理由相信这完全是一个普通的建造过程。但是我们现在声明这不仅仅是在北墨西哥才能采用的建造过程，它还能够是，而且的确应该是全世界的每一个住宅制造过程的支柱。

在本书的第三部分，我们将阐述这个简单的过程能够向外延伸，能够覆盖到每一个可以想象出的建房种类，能够成为世界范围内住宅制造的中心内容。从这个意义上来说，现在我们认为这本书的题目确实很合适：我们所描述的建造过程不仅仅适合于北墨西哥特殊的住宅制造工程，而且的确是一种住宅制造过程的普遍性模式。

因此，我们必须确定我们所建立的一般性原则一点也不需要有特殊的物质属性或者我们所描述的特殊经济条件。我们必须显示我们有可能在世界范围内设想出一套完整的住宅制造网络。在这个网络里，当前存在的变化多端的住宅制造形式都有可能被替换，而我们所描述的七个原则将会成为其中最核心的部分。当然，我们必须证实类似的建造过程能够包容可能出现的巨大变动范围内的文化背景、居住密度和资金筹措方式等等。

完成这个任务的关键是解决经济上的问题。我们仅仅需要陈述用于维持一个建筑工地、培训设计建造师和达到一定建筑效率的实际经济条件，以便于当我们设想如果在全世界范围内都采用这种建造形式时，我们就会得到一幅关于整个住宅制造过程的现实的画面。

※

当然我们很清楚的是：我们在墨西哥建造的这种类型的住宅几乎在任何地方都可以以一种数量有限的小规模方式进行生产。没有人会以这种小规模的不切合实际性为理由对这样的工程提出异议。

但是“住宅问题”就像我们通常所理解的那样，需要建设成百万上千万的住宅，它还要求快速地建成这数以百万计的住宅。因为这个原因人们会非常踌躇，“用你所描述的方式确实可能建造出少量的住宅，”他们可能会争辩说，“但是我们需要知道的是，这样的程序是否能够进行成片式的建设，是否可以成千上万座地建设出类似的住宅。当我们试图实行成片式建设时，在这个过程中是否还可以明显地节约住宅的成本。”

这种典型的异议也可以用另外一种方式来解释：我们有可能定义出任意数量的美妙的建造过程，就像我们所描述的一样，但是是以小规模的方式来建造的。但是我们一开始进行扩大建设规模的尝试，在短期内，住宅建造的“现实性”就发挥了作用，这些现实性——生产要素的现实性、劳动力的现实性、联合协作的现实性和筹措资金的现实性——要求通过一些高度机械化的工业化进程来建设住宅，在工厂里生产出大量的构件，把在工地操作的时间降低到最小程度。

几乎 40 年以来，这一直是住宅建设专家提出的理由。这个理由听起来是如此的令人信服以至于许多人没有思考就假定它是正确的。这些人也会没有思考就假定我们所讲述的建造过程的类型是不能运用于成片式建设的，因为它和印刻在我们头脑里的成片式建设的典型形象不一致。

为了抵消这种关于无意识地肯定成片式建设住宅形式的影响，现在我们必须非常审慎地提出以下问题：在什么样的条件下，以什么样的价格，我们所描述的建造过程的类型不仅仅能建造出少量的住宅，而且能够在任何地区每一年都建造出成千上万座住宅，能够进行大规模的住宅建设？

很明显，我们必须回答下面这些包含在以上问题之中的特别问题：

1. 我们需要多少高水平的设计建造师来管理这些工程？
2. 我们可以以多快的速度培训出这么多数量的设计建造师？
3. 管理的费用是多少？这个费用是否在一个合情合理的限额之内？
4. 我们所描述的住宅团组和建筑工地之间的关系是否是切实可行的？
5. 在建设过程中总共需要多少个设计建造师？
6. 基本建设费包括那些内容？

为了能用最具体的术语来进行这个讨论，我们先来评估一个典型的都市性区域每年需要新建住宅的情况。

在美国，总的住宅储备大约是 80 000 000 座，每年大约新建 800 000 座住宅。在墨西哥，现有住所大约是 30 000 000 座，每年大约新建 500 000 座住宅。

一般而言，每年一个地区需要新建的住所是住宅总储备量的 1%～2%。建造新的住宅是为了补充住宅储备，取代废弃的住所，改善陈旧的结构，满足人口增长的需要。

那么，让我们来考察一下世界上一个拥有 1 000 000 人口和大约 250 000 到 500 000 座住宅的城市。为了补充住宅总的储备，满足人口增长的需要，这个城市每年将需要新建大约 5 000 座住宅。

那么就让我们来考察一下，我们所描述的操作过程可以怎样被组织起来，以便能在一个拥有 1 000 000 人口的城市里每年建造出 5 000 座住宅。

如果建筑操作过程要遵循本书第一部分所描述的七个原则，我们知道住宅就应当以住宅团组的形式来布局。当然，这些住宅团组可以在大小上有所变化，但每个住宅团组当然至少应当由两所住宅组成。从人文的观点出发，我们难以想象一个拥有超过 12 所住宅的住宅团组。保守地讲，当我们假定每个住宅团组拥有五所住宅时，那么我们拥有两百万（此处似乎应为一百万，译者注）居民的城市每年就需要建设 1 000 个新的住宅团组。

现在我们开始面对由于分散化建设所带来的固有的困难。在现时条件下，每年所需建设的 5 000 户新住所，当采用成片式建造住宅或成片式房地产开发的形式建造时，也许所需要的庞大的工程项目不会超过几十个。但是，在我们所描述的体制的框架中，我们需要设想出每年要以分散得多的方式建造出 1 000 个独立的或者部分独立的住宅团组。

那么，人们怎样才能以人性化的观点来组织建设这些住宅团组呢?

问题的关键在于虽然设计建造师在整个工程中是必不可少的，但是他们没有也不可能同时管理数量庞大的住宅。在一个巨大的工业化住宅建设工程中，我们完全可以想像一个建筑师管理 1 000 个单元式住宅的建造。与此相类似，我们也可以想像一个工程师管理 1 000 个单元式住宅，一个承建商用工业技术来建造这 1 000 个单元式住宅。虽然单纯从机械的角度来说，这是有效率的，但是我们知道他们建造出的住宅的可怕性。如果我们要把住宅建设转变为由设计建造师负责管理的程序，那么由于设计建造师和住户以及和他们所建造出的住宅有着较多的特殊联系，所以为了建造出相同数量的房屋就不可避免地需要相对更多的设计

建造师来工作。为了理解这个状况，我们来对每年需要建造2 000组由五座住宅组成的住宅团组实际需要的设计建造师的数量进行一个合情合理的、精确的评估。

我们可以把我们的评估限定在两个界限内：人文性和人类的适应性所界定的下限，以及经济状况所界定的上限。

下限的情况是这样的：很明显，就像我们所注意到的，当一个人每年负责管理建造1 000座住宅时，我们得到的结果将是不近人情的。我们非常清楚这个残酷的事实。但是为了建造出合乎人性的建筑，为了允许住户能设计他们自己的住宅并可以控制建造中出现的问题，为了处理所有具有个性的住宅所不可避免地引起的变化和复杂性，那么一个设计建造师在不牺牲住宅质量的前提下每年可以负责管理建造多少座住宅呢？

从问题的另一个方面来说，如果一个设计建造师只负责一所住宅的建设，很明显，我们会得到非常合乎人性的、美观的住宅。但是，那当然是不可能的。因为一所住宅要支付一个高级专业人员一年的工资，所以要么是设计建造师饿肚子，要么是住宅非常昂贵。因此，每个设计建造师每年必须至少建造最少数量的住宅以支付自己的工资，每所住宅所支付的工钱必须限定在一个合乎情理的范围内。

最后，在一个建造过程中我们不可能拥有太多的设计建造师还有一个显而易见的原因：简单的有效性。如果一个拥有1 000 000人口的城市每年需要建造5 000座住宅，如果每座住宅需要一个设计建造师，那么在一个有1 000 000居民的城市里就将需要5 000个设计建造师，或者每200人就需要一个设计建造师。不但在长期的建设过程中，这是非常不可能的；而且因为所有人员都需要培训，他们不可能在一夜之间就被培训好，所以这也是不可能实施的。如果要实现操作的现实化，我们必须至少要求所需要的设计建造师的数量和可以进行实际培训人员的数量基本上一致。只有这样，建造过程在下一个5年或10年内才会有一个良好的开端。

下面我们来分析我们所获得的三个方面数字的评估。这些数字将会帮助我们看到在现实中建造过程是怎样被组织起来的。

我们首先开始进行评估的是当不需要牺牲建筑物质量时，一个设计建造师最多可以负责建造住宅的数量。

从我们自己的实验中得到的仅仅是一些间接的数据，因为我们的设计建造实习生实在是太多了，他们做了大量的工作。但是，从我们的其他经验中，我们确信一个人一次同时工作的限额不能超过20户家庭，否则，他就不能管理好现场的规划、设计和建造。

为了达到住宅制造的最完美的方式，我们推荐的理想方式是：一个设计建造师一次只负责建造一个住宅制造。如果住宅在六个月内完工（一个相当合情合理的平均工期），这样，一个设计建造师一年就可以负责建造两个住宅团组。在这种情况下，他将能够和住户们以及和建造过程本身保持最良好的关系。如果设计建造师和两个有经验的技工一起工作（即一个木工，一个泥瓦匠），那么我们相信他和他们一起一次就能够管理好两个住宅团组或者每年总共可以管理四个住宅团组。

总之，从质量的角度来看，一个设计建造师一年最多能够管理20座住宅。任何想管理多于这个数字的企图将可能会导致现在这种把建筑师和营造师分割开来的状况。因为建筑师必须负责设计和规划，营造师必须负责施工，所以实际上对一个人来说，需要处理的建设中的问题实在是太多了。

下面我们从造价和薪水的角度来考察同一个问题。我们假定设计建造师所从事的是建筑师和普通营造师合二为一的工作。因为他的作用基本上在于组织操作过程、演示技巧、决定形状、尺寸和建材，他对住宅的直接性生产劳动并没有作出大的贡献，所以他的薪水不可能超过整个工程造价的10%，或者如果我们把建筑师的10%和普通营造师的10%加起来，充其量也不会超过

20%。那么，当我们用实际的美元和美分来计算时，这意味着什么呢？

在墨西哥，我们所建造的这种类型住宅的常规造价可能是5 000美元（$70m^2$），相当于100 000比索。10%就是500美元。目前，墨西哥的一个年轻建筑师期望得到的月工资大约是800美元，每年约10 000美元。所以为了挣得这么多工资，一个设计建造师就需要至少负责20座住宅（如果我们假定他的工资是建设成本的10%），或者负责十座住宅（如果我们假定他的工资是建设成本的20%）。

在美国，一所非常廉价的大约有1 200平方英尺的住宅通常的建筑造价为50 000美元*。在这种情况下，每座住宅10%的建筑造价就是5 000美元。一个年轻的建筑师期望得到一份15 000美元的年薪，这就需要他每年建造三座住宅。参照一个联合木工或一个高水平建筑师的工资，一个更成熟的设计建造师的合理的年薪也许是30 000美元，这就要求他一年至少要负责建造六座住宅。

在曼谷，一所住宅的造价可能会少至2 000美元。一个年轻建筑师可能期望的年薪是6 000美元，设计建造师每年至少要负责建造30座住宅（如果我们假定他的薪水是工程造价的10%），或者每年建造15座住宅（如果我们假定他的工资占工程造价的20%）。

那么我们就可以看出，工程的实际可行性是根据流行的住宅造价和流行的建筑师、营造师的工资之间的关系，随着国家的不同而不同。但是我们也可以看出除了在像美国这样非常幸运的国家外，设计建造师在一年之中肯定必须至少建造十座住宅才能不需要去漫天要价就能得以谋生。

---

* 注释：在本章中，就像在其他章节中一样，我们提到的钱均指1976年的美元和比索。

这个每年建造十座住宅的最小比率和每年建造20座住宅的最大比率同从质量的角度得到的住宅数量相接近。所以，这是一个有很大限制性的数字范围。如果设计建造师一年负责的住宅少于十所，除了在像美国这样一些房屋特别昂贵的国家里，他就不能够谋生。另一方面，如果他负责建造的住宅每年多于20所，他将不能够同住户以及同需要良好适应性和细致工作的建筑物保持亲密的关系。

下面，我们来看看在一个拥有1 000 000人口的城市里我们应当拥有多少个建筑工地才算得上是合理。如果每一个设计建造师每年建造由五座住宅构成的两个住宅团组时，拥有百万人口的城市将需要500个设计建造师，或者每2 000居民需要一个设计建造师。如果每个设计建造师都拥有自己的建筑工地，那么在这个城市里将需要500个建筑工地。但是，就像我们将要看到的那样，有一些强制性的因素明确地要求设计建造师们必需在一起工作。因此，建筑工地的数量相对地要少一些。下面让我们来观查一些数字。

首先，就像我们所发现的那样，在模式语言的框架内，设计和建造的过程基本上是一个共同体验的过程。它主要得宜于讨论和争辩——并且，最重要的是，当工作、胜利、困难和快乐可以被分享时，它将会带来一种非常愉快的体验。

其次，所有的主要工具和设备当然都非常昂贵。虽然一个单独的设计建造师不可能轻易地买得起混凝土搅拌机、大锯、刨床、重型研磨机、电焊机和其他一些昂贵的设备，但是如果几个设计建造师共同购买，这就不再成为问题。

第三，有一些类型的管理程序——订购建筑材料、同城市政府部门打交道、成本控制、仓库管理、修理工具等等——都需要有一些工作人员。对一个设计建造师来说，支付这些人员的工资并不是一件容易的事。但是，和使用设备一样，如果几个设计建造师一起在同一个建筑工地工作，这个问题也能够迎刃而解。

在认真考虑过这些日常性支出，以及由于建筑规模过大所引起的混乱造成的实际问题后，我们得出的结论是：一个理想的建筑工地将需要 3~4 个设计建造师在那里工作。

现在我们可以来定义下面这样一个“理想”的住宅制造体制：

1. 这一体制是围绕着建筑工地组织起来的。建筑工地的事务是按照三个设计建造师的指令实施的，他们共同工作，共同支付重型设备的费用和其他日常性支出。

2. 每个设计建造师每 6 个月建成一个住宅团组，这个住宅团组大约由五座住宅组成。

3. 每家住户有一个全日制的泥瓦匠或者木工和他们一起工作。泥瓦匠或木工负责传授并指导住户工作，并且在工程的每一个阶段和他们工作在一起，他还直接负责贯彻执行设计建造师的决定。

4. 另外，人们需要有一些用来解决一连串偶然发生的特殊问题（管道、电等）的专业劳动者。虽然这些工作实际上是由几个不同的专业人员分散完成的，但他们总的工作量只相当于整个住宅团组的一个全日制工人的工作量。

5. 建筑工地需要一个全日制的会计负责进料，一个全日制的人员负责分发建材、修理工具和设备。

6. 也许需要一个全日制的看场员负责干一些零活、做一些修修补补的事儿。看场员是可要可不要的。

7. 最后，一个同时负责三个住宅团组的建筑工地每个月都要对日常的开销（供应、用电等）、工具和设备的维修补充做出定期的预算。

据估计，如果每家住户能提供两个身体健康的人，他们每人每天劳动 4 个小时，这样的一个拥有 3 个设计建造师、18 个泥瓦匠、一些专业技术工人和3个管理人员的建筑工地就能够在半年内建造出15座住宅。

这种特殊的安排能够以下面的价格建造住宅（和通常一样，按1976年的墨西哥比索）：

建筑工地的月工资情况：

3个设计建造师　每人8 000比索/月 ········ 24 000比索

15个泥瓦匠　每人4 500比索/月 ··········· 67 500比索

3个管理人员　每人6 000比索/月 ········ 18 000比索

月工资总额 ························ 109 500比索

每一座住宅总的工资支出（6个月的总数，并除以15座住宅）

109 500×6/15 ······························· 43 800比索

每一座住宅的建材支出 ······················ 40 000比索

每一座住宅的土地支出 ······················ 15 000比索

该体制中每一座住宅的总造价 ··············· 98 800比索

在1976年由**全国住房基金会**所建造的具有同样大小的住宅的价格是150 000比索，这些住宅是按同一标准建造的，不具备我们所建住宅的任何特点。

※

现在我们对住宅制造实际需要的分散性的建造体制有了一个初步的但是现实的概念。这是一种结构或者是一种非正式的机构，它和我们思考解决“住宅问题”时头脑里所浮现的原有印象十分不同。但是，就像我们所看到的那样，这个体制完全能够建造出所需要的住宅数量，并且其质量水准还会被刷新。每年每个设计建造师建造出的住宅的数量是如此之少，少得能使其足以同住户保持富有人情味的联系，让住宅适用、亲密、美观；同时，他所建造出的住宅的数量又是如此之多，多得足以保证与他相称的薪水。总之，这个建造过程发挥了经济上的作用。尽管我们需要大量的设计建造师，但是其数量是合情合理的——任何以这种体制建造住宅的社会在 10 年或 15 年内都会达到正常运转的状况。

我们通过回到我们起初的设想来结束本章的内容。我们设想有一个拥有百万人口的城市，那么让我们再设想一下所有这些建筑工地分布在这个城市中的情形。

就像我们所看到的那样，这个城市每年需要建造大约 5 000 座住宅来补充住宅总的储备量。

在我们所描述的建造体制中，这就需要大约 500 个设计建造师，在大约 150～200 个建筑工地中工作。

这些建筑工地在空间上是分散的——即均匀地分布在整个城市。因为一般来说，一个有 1 000 000 人口的城市的占地面积大概是 200 平方英里（假定每平方英里居住 5 000 人），所以大约每平方英里就有一个建筑工地……在每一个方向，每英里就有一个建筑工地。

当然，几百个这样的建筑工地都略微有点不同。人们没有完美地把建造过程表达在图纸上，所以他们影响、传播它的范围也就不会太大。

相反的是，在建筑工地中进行的建造过程变成了一种文化：一种由规章组成的体制、一些知识和一些操作过程。人们通过语言和手把手的实践来传播它们。

即使一个建筑工地的一群建造者想要完全复制另外一个建筑工地中建造者的做法，他们也不会取得成功。不可避免地，他们会开始在更大的模式语言和建筑操作的细节上开发自己的方法，直到最后每一个建筑工地、每一个社区都会有自己的建筑风格、自己的建造方式。

但同时相对而言，在城区内部的较大范围内，建筑工地里的情况还是类似的：在所有地区，人们正在建造的建筑物都是按照人们永远去运用的一个建造过程版本的翻版。任何一个建筑工地所生产的内容都只是一种地方文化的变体、一组特殊的设计建造师产品的变体。

因此，虽然我们所看到的城市具有上百种不同的个性化的传统，但是在整体上却只有一种同类型的传统。几乎像在早期时代一样，一百种不同的传统常常存在于邻近的不同地区中。

现在，我们来假定这种操作过程确实在一个城市中得到了广泛地传播，广泛到这样一个程度，以至于所有住宅都是根据这样一个建造过程的原则建造的。

设想一下：在像墨西卡利这样一个拥有 500 000 人口的城市里，建筑工地将会多达 100 个，每年新建的住宅团组将会达到 1 000个……

我们仅仅来设想一下：一个城市每年拥有 1 000 个新的住宅团组，每一个住宅团组由 4 家或者 6 家或者 10 家住户组成。他们一起工作，设计公共用地，对自己的住宅负责，对自己住宅的形状负责，在简单的事情上相互帮助，意识到自己具有创造力，对他们住宅所占据的那片土地具有真诚的深厚的情感……

这是一场社会性的变革。仿佛重生过的社会又开始启动了……渴望有自觉意识并能明智地处理自己日常生活的人们发现，自已能和其他人一起分享这场社会变革。这场社会变革是那样强烈，以至于最后在每一个社区中创作并塑造出自我存在的一群群人们的脉搏跳动中，整个城市复苏了。

※

我们的实验表明，这种大规模的革命几乎有可能在任何时间、任何地点和任何文化背景下产生。虽然在本书中我们只描述了一个特殊的实验，而且是在特定的条件下，但是我们其他的实验表明：我们展现出轮廓的一般操作过程——以及这种社会性变革的可能性——在很大程度上是不受文化背景、人口密度、资金筹措方法或者人口增长率的影响的。

我们相信这个操作过程虽然具有细微的变异，但是它的本质在任何情况下都同样有效。就像当它在中等密度人口条件下有效一样，在高密度人口条件或者低密度人口条件时也同样有效。我们还相信这个操作过程就像在墨西卡利有效一样，在挪威、中国、加利福尼亚、印度一样有效。我们还相信在很大程度上，这个建造过程不受建造方法的制约，同样适用于砖房、混凝土房、泥巴房和木屋。我们还相信这个建造过程的某个版本也适用于由技术工人所建造的住宅，甚至对于由工厂建造出的住宅一样适用（通常的条件是开办工厂的人们愿意去建立一个建造过程，这个建造过程遵循我们所明确说明过的原则），就像由住户们自己帮助建造的住宅一样有效。我们还相信这个建造过程可能会非常的缓慢，可能会花费5年或10年的时间来建造住宅……也可能非常的迅速，可能在三、四个月之内就能把一组住宅建好。

总之，我们相信我们所定义的建造过程无论采用什么样的版本，几乎完全具有普遍性。我们的原则所包含的社会性变革几乎可能以任何大的规模发生在任何地方，出现在任何文化背景下。

第四部分

样式的变换

※

那么从理论上这是很清楚的：这个新的建造过程能够适用于建造出整个城市或者整个地区的住宅。从原则上讲，我们也清楚它能够用来为整个社会提供所需的住宅。从数学的严格的角度上来说，从规模经济、数字和工资的角度上来说，在建造中非常有可能发生变化。

然而，我们当然不能认为这种变化是很简单的。任何对当今世界的住宅建设现状有所了解的人都会本能地感觉到，我们所描述的建造过程实际上很难被大规模地实施。因此到目前，在本书的最后一部分，我们要涉及到产生这种本能认识的原因以及可能克服这种本能所预知的困难的方法。

乍一看，这个告诉我们这种建造过程将会难以实施的本能好像会遭遇某些特别的困难。例如，我们可以想象出在建筑施工规范方面的困难，在社会资金流通上的困难，在建设资金来源方面的困难，以及银行对住宅建设项目提供贷款的困难，手续或者政治方面的困难。

在本文这一部分较早的草稿中，我们尽力一点点地分析所有这些“真实世界”中的问题，努力去一点点地显示，在我们当今的社会中，我们可以大规模地解决这些问题的可能性。

但是，无论我们怎样撰写，这部分内容还是显得不够详实。要么是我们提供解决问题的方法太具体、过于特殊，要么就是当我们提供解决问题的方法应用在其他问题上时又显得太模糊、太笼统。无论我们怎样表述这一部分，其内容似乎从来就没有完全令人信服过，尽管在这里确实对可能出现的特殊情况给出了实际的、详实的回答。

经过多次讨论之后，我们意识到撰写这一部分内容失败的原因主要集中在一个问题上，这个问题非常不同寻常，属于另外一种类型。这种由于社会结构的剧烈变化所引起的茫然忧虑实际上是一种根深蒂固的忧虑不安的感觉。这种不安感不是由任何特定的功能问题所引起的，而仅仅是由于人们对我们所提出的整个建造体制的不够熟悉引发的。它是由这样一个事实引起的：在它最深层结构的水平上，它所建议或要求的变化几乎是现代人难以想象的——当仅仅作为一种思想模式时，建造过程所拥有的完全难以想象的特点、它对现代人类认识范畴的猛烈冲击、以及它所带来的不舒适，几乎就是人们难以实施这种建造过程的根源。

因此，在本书的最后一部分，我们选择讨论这个最深层次的问题。

※

在本书的最开始，即第一部分，我们已经表述了这样一个事实：我们当前的住宅制造体制是由某些不受意识控制的、假定的管理制度、社会事业机构、法律法规……所控制的；首先正是这种根深蒂固的社会结构影响着住宅制造的方式。

显而易见，我们在这里所描述的住宅制造形式需要另外一些不同的设想、社会事业机构、法律法规……它定义的是一种新的深层次的结构。这种新结构和旧式的结构不能并存，因此如果想要实施较大规模的生产，这种新结构就必然要代替旧的结构。

当然，这种新旧交替的过程是十分痛苦的。新旧交替之所以痛苦，并不是过多的由于新结构需要对权利、金钱、管理……等进行重分配，就像政治理论家们所经常鼓吹的那样。在我们看来，新旧交替之所以痛苦，是因为人们认识到我们所熟知的领域正在受到威胁、攻击和替代，而这正是人们感到痛苦的地方。

当一种认知结构、一个样式去替代另一个时，首先人们在情感上、在理智上、在社会意识上会产生痛楚感。为了理智地进行这个斗争，我们首先必须认清这个事实，而不是其他原因。

为了清楚地阐明这一点，我们再一次从我们在墨西卡利的实验开始进行我们的讨论……但这一次我们转换一下角度，因为以前我们没有描述过伴随着我们的困难，那种每天都要进行的斗争……我们之所以每天都要斗争，是因为我们所进行的事业与人们在思想上所熟知的类型不适应。因此，即使事实很简单，我们的事业是如此的平常并令人愉悦，但它好像还是异化的、具有威胁性的。

开始这个工程时，我们原本想在一年内建造出 30 座住宅。但是由于各种各样我们以后将要解释的原因，政府取消了对我们的支持。在指定的时间内我们只建造了五座住宅，剩下的 25 座根本没有动工。而且我们本来认为我们建造的建筑工地（那时我们把它交给了我们培训的实习生）将会有足够的动力把这个工程项目继续下去，它将围绕这个工程项目在这个地区不断稳固地推出许多类似的住宅。我们的这个愿望也没能实现，因为下加利福尼亚政府不再继续支持我们的工程。

下加利福尼亚政府不再支持我们有以下几条原因：首先，也许是最重要的一条，政府权利机构惊异地、甚至是沮丧地发现我们所建造的住宅在外观上是如此“传统”。好像他们本来是期待我们能够快速地矗立起标准模数式的住宅……他们甚至有这样一种印象，认为我们是建造标准模数式住宅这一奇迹的世界级专家……而我们却建造了这样一些从外观上看来几乎是天真、幼稚、初级的住宅，这让他们感到极端的不安。（我们要记得：住户们经常可以证明他们热爱自己的住宅。）

其次，我们在建造体制中的实验也让他们沮丧。尽管我们反复说建筑操作是处在发展的过程中，尽管从一开始我们就说我们将在建造建筑工地的过程中进行实验，而且我们能够从失败的实验中吸取了有价值的经验教训（例如，关于使用棕榈枝条做加固，而使被加固的墙体开裂的教训。）同任何其他科学性的实验相比，这些实验不应该被看作重要的失败，但是却反而被看作是一个操作过程难以运转的证据。

第三，从一开始，在我们的项目中就有一个雄心勃勃的计划：生产出一种坚固的黏土—水泥砖。以前，我们证明只要有非常巨大的压力，我们就能生产出一种土坯块，在这种土坯块中水泥的百分比含量很低，却极其坚固，具有普通水泥砌块两倍的承载力。但是，为了生产这些砖块，我们需要对为建筑工地购买的制砖机进行越来越多的改造，甚至直到最后，我们仍然得不到生产出合适的黏土—水泥砖所需要的高压。最后，为了不拖延住宅的建设工期，我们不得不极大地降低了黏土的含量。实际上，我们只是在水泥砖里略微添加了一些黏土（大约20%是黏土），这个比例与我们原本的设想相去甚远。因此，我们没有生产出我们所许诺要生产的黏土—水泥砖，这就增加了政府对我们的不信任感。

同时，从我们自身的角度上来说，我们也有失误。例如，住宅非常漂亮，我们很高兴这些住宅非常完美地反映了不同住户的需求。然而，这些住宅仍然没有达到我们所要求的目标，它们离那些传统住宅所具有的清晰的朴素感还相距甚远。比如，屋顶部分仍然有点儿笨拙；而且我们的规划也有局限，住宅内部非常美观实用，但却没有形成一个像我们所想象的那样一种令人愉悦、简洁、意义深远的户外空间。比如，公共用地的形状非常复杂，好几家的花园没有设在合适的位置上。同我们现在所理解的以及同我们下一次要做的相比，对模式语言的自由运用不时引起一种混乱。特别是对我们的实习生来说，因为他们不能完全理解如何最有效地建造出建筑物，情况更是如此。

让我们确实很伤心的是，在建造结束3年后的今天，建筑工地基本上被废弃了。当时，我们认为墨西哥政府会继续支持我们的工程，所以我们非常精心地建造了那个建筑工地。当政府撤消了对我们的支持后，由于那块土地在法律上非常奇怪地没有其他的用途，建筑工地里的建筑没有明确的功用，因此到现在，我们所建造的最美丽的建筑被废弃在那里。然而，通过对模式语言的较深理解，我们首先建造的这些建筑物是这个工程中最漂亮的。建筑工地的废弃是件非常痛苦的事情，也许是所有事情中最令人悲伤的。

一言以蔽之，客观地看，如果我们假定政府期望一个完美的建造程序，没有任何瑕疵，而且这个建造程序运转起来就像现存的建造体制一样顺利的话，政府对我们缺乏信心也许完全是合情合理的。

当然，实际上，这完全是一个不切实际的期待。

我们所定义的建造过程和今天现存的建造过程是根本不同的。贯彻执行这一建造过程所出现的深刻、严重的问题，几乎会不可避免地伴随着如此完全不同的建造过程中的转变。在本书的导言中，我们已经解释了建造体制的现状——并且，事实上，解释了在当今社会中存在的任何一种建造体制——确实是已经深深地扎根在那个社会中了，并暗含于日常关系、习俗、“正常”的实践和不假思索就被遵循的做事方式中了。总之，能够存在于社会中的任何建造体制在无意之间就完全变成了日常生活中的一部分。它是如此的显而易见、如此的根深蒂固、如此的令人深信不疑，以至于没有人会对它的正确性提出异议。

当然，这就意味着当一个新的建造过程开始出现时，它在许许多多小的方面几乎刺激着每一个和它接触的人。它不仅不能完善地运转，而且在许许多多小的方面，无论在哪一点触犯了使当前建造程序运转的那些无意识的必然，它就会同人们使用的错误方式发生摩擦。因此它的出现似乎显得很莽撞、没有存在的必要、具有“异化”性……

并且，实际上我们自己也确实受到了这种无意识的不同寻常之处的影响，受到了这种势不两立的影响，以及受到了这种存在于新旧建造过程中的不愉快“摩擦”的影响。这种新的建造过程是我们要极力创造的；而旧的建造过程则深深地根植于人们的骨髓中，并且到了一种非常巨大的程度……巨大得以至于政府权利机构对我们的项目失去了信心，变得焦虑不安……似乎无论如何，好像新的建造过程应当有种无意识的责任，应当对建房工作组的困难负责，甚至对我们自己的困难，对我们实习生的困难负责……

在某些时候，由于那些小的人为压力的积累，工作将变得难以置信的困难。这些人为的压力来自于流言蜚语，来自于实践中的麻烦，来自于敏感的议论，来自于不同的意见——所有这些都是因为已经被接受的、现存的建造过程和我们正在实施的新建造过程的不匹配而造成的。

例如，我们墨西卡利工程的银行检察员是一个没有经过特殊培训的年轻建筑师，他在建筑学校的考试成绩就不合格。他对现场进行视察，并负责验收各个建造阶段的完工情况。对他来说，我们的建筑物是“不同寻常”的。他对建造体制不熟悉，因此就毫无根据地对住户们建议建筑物不够安全。当然，这让住户感到非常震惊。最后，我们不得不把事先赞成我们的建造体制的公共工程局的工程师们请来，让他们亲自告诉住户他们对这些建筑物的安全系数的信心。之所以会引起如此大的麻烦只是因为在当今的建筑中，拱形圆顶的形制还不具有代表性。

同样地，每一处不匹配——图纸的缺乏，住户所贡献的劳动力，测量住宅地块过程中所采用的不同方法，处理资金和账目计算的不同方式，施工新技术的应用，我们自己的穿着打扮（当然，我们是为了便于进行建造工作而着装；在那里人们对穿着漂亮服装的官员们尊称为“建筑师”），公用工具的使用，由于丢失工具和不爱惜工具所引起的问题，我们实习生的态度（他们所认定的重要事情只是建筑体制本身，他们并没有理解社会适应性所包含的更深层次上的意义）——每一个这样的问题在外界都造成了影响，引起了流言蜚语和冲突，逐渐使人们情绪失控，在巨大的障碍面前难以保持心理平衡……

所有这一切是因为，我们所遇到的大多数人对住宅制造所持的观点不可避免地是由现在的建筑实践塑造的。每当他们看到这些不匹配的地方就会感觉精神错乱。因为我们工程中的任何一处细节只要脱离开它所产生的环境，而把它置于旧的建造体制的环境中，它就似乎是一个“错误”；因为很少能有人对建造过程有一个整体上的认识（各方面应当协同工作），在参照现存的体制后，许许多多的人就认为我们正在犯一些“错误”……当人们把这种感觉告诉住户们，告诉给我们做实习生的学生们，或者告诉我们工作组的成员时，我们所有人都会经历一种不断增强的紧张感。这种紧张感是由逐渐积累起来的巨大的敌意引起的。

这就需要我们具有巨大的决定能力，以便在这些困难面前保持心理上的平衡。

但是，这种认识和感知方面的不匹配几乎从一开始就注定要存在下去，因为新的建造过程在本质上真的不同于现存的建造过程，因为新的建造过程确实表达了一种新样式、一种新的现实感。

一种新的现实感、一种新样式、一种新的认知类型不可能在一夜之间就取代旧有的内容。在构成这种建造过程新种类、新认知结构替代旧有种类和认知结构的过程中，人们肯定会不可避免地要经历一段阵痛。

最后让我们来面对这个不可回避的事实：我们所描述的建造体制确实描述了一个完全新型的现实。它描述了一种新的“东西”，这种新的“东西”本质上就是一种新的社会体制。它描绘了一种构思住宅的新方法，一种人与住宅关系的新构想，一种建筑师与建筑物关系的新构想。

虽然我们在最后几页中所阐述的这些困难似乎显得很凄凉，但这些困难基本上还是比较客观的。因为我们首先所想到的困难

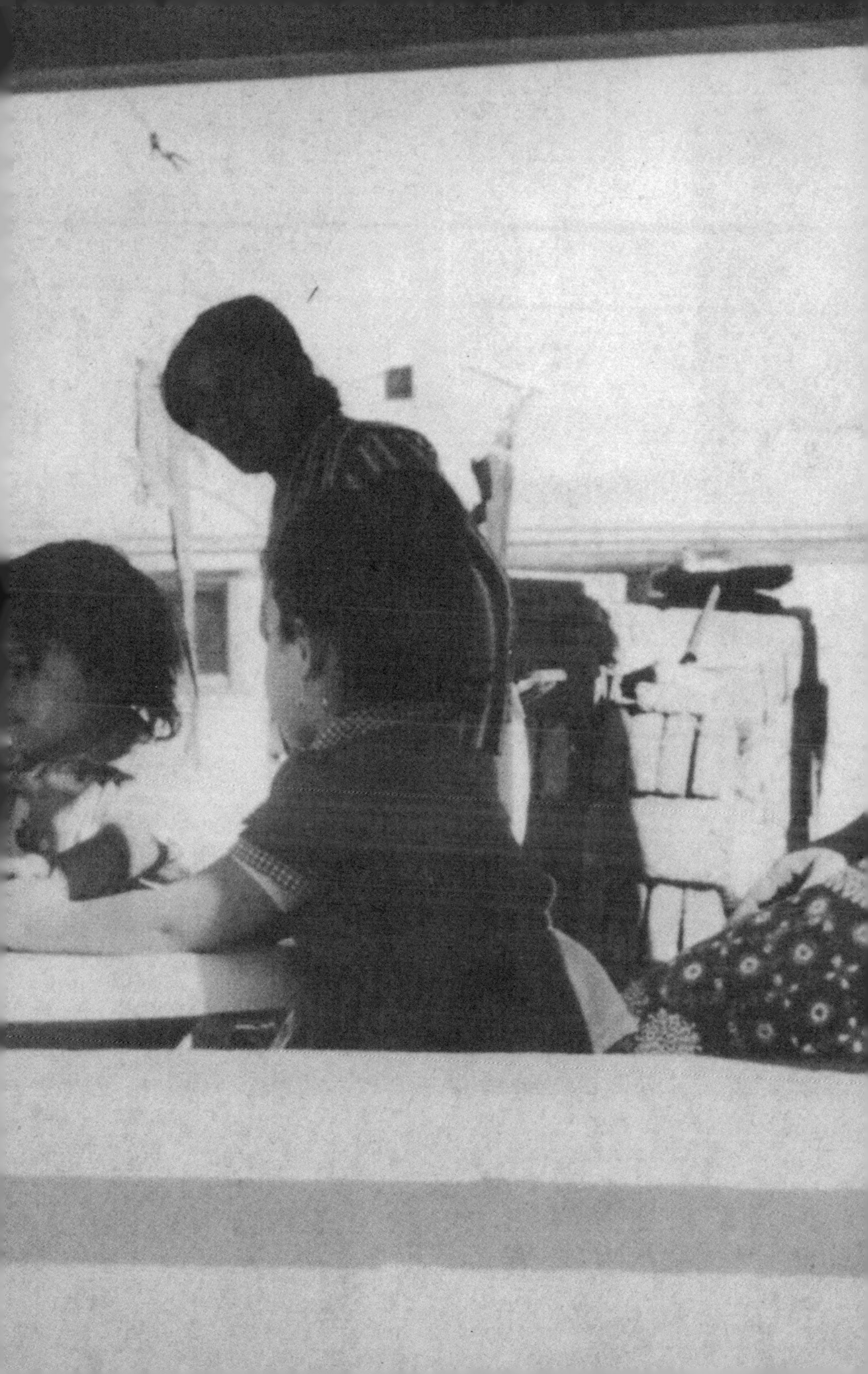

——在涉及到规划中的规章制度时的实际困难，资金、抵押、联合上的困难和施工管理上的困难等等——如果准备动手去解决这些困难的人已经在他自己的内心深处做了必要的调整，对这本书中所描写的样式的转换处之泰然，那么这些困难到最后是完全可以解决的……。

样式的转换、世界观的转变才是严重的困难。我们知道，世界观的转变需要花费多年的时间，需要花费几十年时间，甚至需要经过几代人的努力。例如，即使在发现量子力学50年后的今天，许多人仍然难以接受光既不是粒子，也不是波，而是两者结合体的观念。

然而，世界观的转变，即要求我们用新的方式来看待世界的基本种类的转变……这些转变迟早会发生。虽然对一代人来说，让他们放弃他们在成长过程中所接受的世界观很难；有的时候，甚至对孩子们来说，如果让他们放弃他们在吃奶时就接受的世界观也会很难——然而，每一代人迟早都要消亡，早晚一个由一套全新的种类所组成的世界观将会出现，并的的确确会逐渐替代它所超越的旧有的世界观。

因此，即使这些观点确实迟早要发生本质上的改变，在人类生命的长河中，我们在本书中所阐述的观点也将会是完全自然和平常的。到那时，在历史的舞台上，人们将会彻底遗忘在今天显得如此巨大的困难。

关于颜色的补充说明

※

让我们把给建筑物着色的方法作为对整个建造过程最后进行的小规模总结。

当我们完成第一组建筑物——建筑工地——时，我们就涉及到粉刷这些建筑物的问题。现场的许多学生那时思想很简单，认为把建筑物刷成白色，并且让木头显露出它们的本色就可以了……他们的想法非常符合建筑学原理。但是我有自己的看法，想把这些建筑物刷成蓝色……就是接近于蓝天的那种颜色……对很多在那里工作的实习生来说，这种想法真的是太奇怪了。然而，即使最后只有霍华德和我可以看到这种颜色的美丽迷人之处，我还是坚持着自己的意见。

所以我们就开始作实验，寻找粉刷颜料的确切颜色。我们几乎花费了两周时间来做这些实验。我们一块一块地粉刷住宅的实物模型，每一块都稍微地变换一下色彩，通过连续不断的实验，直到最后找到最适合墙体的颜色为止。

为了做这些实验，我们在墙壁的檐板外面钉上木板，一次又一次地进行粉刷。

实验是从蓝色开始的。我们所需要的好像是一种蓝天的颜色，一种在天空中显现出的神圣的蓝色……我们花费了很长时间去寻找具有合适亮度的蓝色。

直到我们认识到在蓝色上面需要刷一层毛细裂纹时，我们的实验才取得了突破。最初，我们把这种毛细裂纹看成是金黄色的裂纹，一种金黄色的细线。但是当霍华德试着去调和这种颜色时，可以非常明显地看出，我们不能用黄色而是用绿色调和出这种金黄色的细线。因此，我们在蓝色的上面涂一层绿色的毛细裂纹，但在这种绿色里面包含了大量的黄色。我没有想到一个人可以在绿色中添加那么多的黄颜料，而最终的颜色却一点也不黄，而是一种带有金黄的绿色。最后这种灰白的、带有金黄的绿色颜料使檐板闪烁着蓝色的光芒。

接着，为了得到我们所需要的蓝色，我们在蓝颜料中加入了少量的绿颜料……加入绿颜料的份量是如此之少，使得整个颜色还是显得非常得蓝——并不是那种蓝绿色，而是稍微有点儿变化的蓝色。

最后，我们需要把粉刷墙体的白颜色进行一些变化。尽管蓝色檐板线下面的墙体需要粉刷成白色，我们后来还是感觉到为了让墙体的色彩看上去更舒适，我们需要在白颜料中加入少量的绿来减少纯白色的光泽，让墙体的颜色柔和一些。因此，墙体最终的颜色是淡淡的石灰绿。绿颜料的含量非常少，任何看到墙体的人会认为墙体颜色是白色的……但是，这种白色和它上面带有金黄的绿色和天蓝色柔和地搭配在一起，使得上下的颜色协调一致。

即使经过多日的工作，在我们发现这些秘密之后，我们仍然需要在建筑物的相当大的面积上进行实验，去检验这种颜色是否合适。我们把一栋住宅的一面整墙粉刷成这种颜色，这面墙大约有 12 英尺长。我们刷了两到三遍……最后，直到我们满意地看到，在这么一大面墙上进行的较大规模的实验恰到好处地反映出了这种颜色的效果时，我们才在整个建筑物上进行粉刷。

把颜料混合在一起，进行粉刷；把其他的颜料混合在一起，再进行粉刷；检验颜料的色彩是否合适……诸如此类的工作非常繁杂。我们日复一日地工作，进行了大约两周实验……很多时候，因为周围的人们缺乏对色彩的了解，他们感觉所有的墙壁都应当粉刷成白色；或者他们只是不能够理解我们为什么需要这么仔细地、这么专心地做实验，纠正其中的错误，并得到所需要的合适的颜色。这些都增加了实验的难度。

有一段时间，霍华德是如此喜欢绿色，他想把所有墙壁的蓝色线条都变成绿色线条……为了进行对比实验，我们把庭院内部的檐板刷成了石灰绿。但是由于蓝色线条和天空的颜色正好相配，几乎把这些建筑变得十全十美，所以这种绿色的檐板没有其他建筑物上的蓝色檐板美观。

但是，即使到现在，当我把这个实验的过程记录下来时，我仍然对我们在这种颜色实验中所进行的工作量感到非常吃惊。为了把这件事做好，我们在它上面花费了多么大的精力啊！

致 谢

※

尽管在墨西卡利工程中我们遇到了许多异乎寻常的困难，但我们还是特别需要向许多和我们一起工作过的人们致意，感谢他们和我们一起所做出的努力：既感谢那些相信我们所从事的事业，和我们一起奋斗的人们；也感谢那些更相信现在的建造体制，对我们所进行的建造过程反感，有意无意反对我们的人们。

我们首先要感谢在墨西卡利的下加利福尼亚州立自治大学，我们的建造过程之所以能获得成功与他们给予我们的极大帮助是分不开的：建筑学院的吕邦·卡斯特罗院长；卡洛斯·加西亚，曼努埃尔·埃斯帕扎，波洛·卡里洛和若尔热·尼内教授。在所有大学的朋友和同事中，我们要特别感谢的是若尔热·尼内。在我们遇到困难的时候，他的友谊不断地激励着我们；在我们取得进步的时候，他的帮助又不断地鞭策着我们。

在下加利福尼亚州政府，首先我们应该感谢的是州长弥尔顿·卡斯特拉诺斯，从一开始他就支持和鼓励这个工程项目。如果没有他的热情和特殊的权威做后盾，政府的许多其他成员和组织永远也不会给予我们他们曾经所给予的帮助。在下加利福尼亚州政府的成员中，我们要感谢公共工程局主任桑什·埃尔南代；管理部主任罗热利奥·布兰科；比耶纳·雷塞部主任；鲁道夫·埃斯卡米·索托；互助基金会，为住宅提供资金的信托联合部的主任布兰迪·埃雷拉。

在我们自己的同事中，我们感谢珍妮·杨，她和她的丈夫丹·科纳一起来和我们共同工作，自愿在整个工程中帮助我们。感谢哈里·范·乌德纳兰，他在完成帮助实施美国俄勒冈大学规划（参见《俄勒冈实验》）的伟大工作之后，来到墨西卡利和我们一起呆了几个月，在工程的初期阶段帮助了我们。我们还应该感谢的是彼得·博塞尔曼（他制作了第Ⅹ页的图纸），彼得·李，托马·桑晒，米歇尔·巴闪，马丁·朱斯特，安东尼奥·里西安东和多里·弗罗姆，他们来墨西卡利工作时还是加利福尼亚大学的学生。我们感谢所有那些在工程中自始至终帮助我们阅读这份手稿并对手稿提出宝贵意见的同事：为我们做结构计算的吉姆·阿克斯雷，萨拉·伊什卡瓦，索利·安热儿，罗斯兰·林德埃姆，阿利姆·阿布德尔哈利姆，大卫·屈斯，大卫·韦克和克里斯·阿诺尔德。

最后，我们要把我们最衷心的谢意送给我们的实习生。他们是8个在下加利福尼亚州立自治大学学习的学生。我们已经在本书的扉页上提到了他们的名字。他们在工程中坚持不懈地做出了卓绝的努力，不顾艰难险阻，排除各种困难，忍受工程中长时间的拖延和我们一起战斗到最后。如果没有他们，我们是不可能完成这个工作的。毫无疑问，这个工程的“军功章”里既有我们的奉献也有他们的奉献。

《住宅制造》

版权登记号：01-2002-0371

图书在版编目（CIP）数据

住宅制造/（美）亚历山大等著；高灵英译.
-北京：知识产权出版社，2002.5
书名原文：The Production of Houses
ISBN 7-80011-702-2
Ⅰ.住…　Ⅱ.①亚…②高…　Ⅲ.①住宅-建筑设计②住宅-工程施工
Ⅳ.TU241

中国版本图书馆CIP数据核字（2002）第025365号

住宅制造

著作者：C·亚历山大　H·戴维斯
　　　　J·马丁内斯　D·科纳
翻译：高灵英　李静斌　葛素娟

责任编辑：陆彩云　　责任校对：韩秀天
装帧设计：段维东　　责任出版：杨宝林
知识产权出版社出版、发行
（北京市海淀区蓟门桥西土城路6号　邮编：100088）
（010）62026893　（010）82086765转8252　（010）62381114
北京振兴华印刷厂印刷
新华书店经销
2002年6月北京第一版　2002年6月北京第一次印刷
850mm×1168mm　1/32　印张：10.5　字数：272千字
印数：1～3000册
ISBN 7-80011-702-2/T·045
定价：42.00元
如有印装质量问题，本社负责调换